과학에서 중요한 것은 새로운 사실을 얻는 것보다
새로운 사실을 생각해내는 법을 찾아내는 것이다.
- 윌리엄 브래그 -

될 만한 아이디어를 효율적으로 만들기 위해서,
저는 최대한 빠르게 실패하려고 노력합니다.
- 리처드 파인만 -

과학에는 뭔가 매력적인 것이 있다.
사실이라는 아주 작은 투자를 통해 그토록 많은 추측을 이끌어내니 말이다.
- 마크 트웨인 -

많이 보고, 많이 겪고, 많이 공부하는 것은 배움의 세 기둥이다.

- 벤자민 디즈라엘리 -

TOUDAISHIKI YASASHII BUTSURI NAZE AKASHINGOU WA SEKAIJYU DE
TOMARE NANOKA
© SHINYA MISAWA 2015
Originally published in Japan in 2015 by Saizusha Corporation, TOKYO.
Korean Characters translation rights arranged with Saizusha Corporation, TOKYO,
through TOHAN CORPORATION, TOKYO and EntersKorea Co., Ltd., SEOUL.

세상에서 가장 쉬운
재미있는 물리

세상에서 가장 쉬운 재미있는 물리

펴낸날 2023년 3월 10일 1판 1쇄

지은이 미사와 신야
옮긴이 장재희
감수 송미란
펴낸이 김영선
편집주간 이교숙
책임교정 나지원
교정·교열 정아영, 이라야
경영지원 최은정
디자인 박유진·현애정
마케팅 신용천

펴낸곳 (주)다빈치하우스-미디어숲
주소 경기도 고양시 일산서구 고양대로632번길 60, 207호
전화 (02) 323-7234
팩스 (02) 323-0253
홈페이지 www.mfbook.co.kr
이메일 dhhard@naver.com (원고투고)
출판등록번호 제 2-2767호

값 17,800원
ISBN 979-11-5874-182-2 (43420)

세상에서 가장 쉬운
재미있는 물리

미사와 신야(三澤信也) 지음

장재희 옮김 | 송미란 감수

미디어숲

사물을 보는 시각이 달라지게 만드는 신기한 물리 수업!

저는 물리학을 전공 후 물리 교사로 지금까지 많은 학생들에게 물리를 가르쳐왔습니다. 그런데 학생들로부터 "물리는 왠지 어려울 것 같아요.", "수식만 잔뜩 나오고 무슨 소린지 하나도 모르겠어요."라는 말을 많이 들었습니다.

물리를 올바르게 이해하는 것은 분명 쉬운 일이 아닐지도 모릅니다. 하지만 "물리? 그딴 거 나랑 상관없잖아.", "물리 좋아하는 전문가들이나 연구하면 되지."라고 생각하는 학생들을 생각하면 안타까운 마음이 들었습니다.

물리라는 것이 우리 일상생활 곳곳에 숨어 있기 때문이지요. 물리는 우리 일상에 지대한 영향을 주고 있으며 물리 덕분에 가능한 일들도 무척 많습니다. 그런 것들을 조금이라도 이해하게 된다면 사물을 보는 시각이 지금까지와는 달라질 수 있습니다!

그동안 학생들이 우리 주변의 자연스러운 현상과 물리를 결부시켜서 이해할 수 있도록 쉬우면서도 재미난 물리 이야기를 많이 들려주곤 했습니다. 이 책은 되도록 어려운 수식을 쓰지 않고도 이해할 수 있는 화제를 제공해 '물리에 대한 거부감을 어느 정도는 완화할 수 있지 않을까?' 하는 생각을 해 봅니다.

이 책에서 저는 지금까지 학생들이 물리를 즐겁게 받아들일 계기가 되었을 만한 화제들을 정리해 보았습니다. 특히 "물리는 어려워.", "물리 따위 관심 없어!"라고 생각하는 학생들이 이 책을 꼭 읽어주었으면 합니다.

분명 물리에 대한 생각이 바뀌고, 우리 주변의 현상을 다른 시각으로 볼 수 있을 것이라고 생각합니다!

저자 미사와 신야

2장

보이지 않는 힘이 곳곳에서 작용하고 있다

우리 생각보다 훨씬 심오한 온도의 세계

'보이는 것'과 '들리는 것'은 파동이 지배한다

전기와 자기로 가득 찬 세상

6장

우리 삶을 편리하게 만드는 전자기

1장

사물의
움직임에
숨은 비밀

물에 빠졌을 때는 상류와 하류 중 어느 쪽에 있는 튜브를 잡아야 할까?

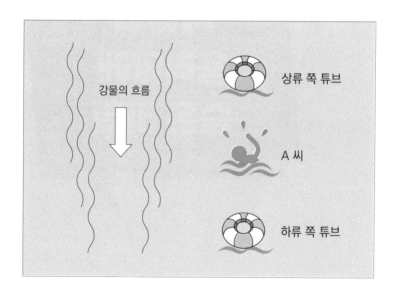

위 그림과 같이 강물에 떠내려간 A 씨를 구조하기 위해 두 개의 튜브가 던져졌습니다. 그런데 한 개는 A 씨가 있는 위치보다 상류 쪽으로, 다른 한 개는 하류 쪽으로 가고 말았습니

다. 이때 A 씨와 튜브까지의 거리는 모두 동일하다고 가정합니다.

만약 여러분이 A 씨라면 조금이라도 빨리 구조되기 위해 어느 쪽에 있는 튜브를 향해 헤엄칠 것 같나요?

정답은 '어느 쪽으로 가든 동일하다'입니다.

어쩌면 '내 쪽으로 떠내려오는 건 상류 쪽에 있는 튜브니까 상류 쪽으로 가는 게 낫지 않을까?' 하고 생각하는 이들이 많지 않았을까요? 하지만 A 씨가 있는 곳에서 튜브까지의 거리가 모두 동일하다면, 어느 쪽 튜브를 향해 헤엄쳐도 도착하기까지 걸리는 시간은 동일합니다. **강물에 떠내려가는 속도가 A 씨와 두 튜브 모두 동일**하기 때문이지요.

A 씨가 자신의 힘으로 헤엄치지 않았다고 가정하면, A 씨와 두 튜브와의 거리는 계속 일정하게 유지되고, 이것은 모두가 정지해 있을 때와 똑같은 상황으로 볼 수 있습니다. 즉, A 씨가 튜브에 도달하기까지의 시간을 생각한다면 아무리 빠른 급류건, 혹은 물의 흐름이 없는 수영장이건 완전히 동일하게 되는 것이지요. 따라서 A 씨는 어느 쪽에 있는 튜브로 헤엄친다

해도 그 거리가 같다면 동시에 도달할 수 있기 때문에 걸리는 시간은 동일합니다.

물론 A 씨가 있는 곳에서부터 두 튜브가 있는 곳까지의 거리가 다르다면, 도착하는 데 걸리는 시간도 달라집니다. 강의 흐름이 없는 상태에서 생각한다면 더 가까이에 있는 튜브를 향해 헤엄치는 편이 빨리 도착한다는 걸 알 수 있지요.

만약 A 씨와 같은 상황이 된다면, 상류에 있든 하류에 있든 상관없이 조금이라도 더 가까이에 있는 튜브를 향해 헤엄치세요. 그래야 구조될 가능성이 높아집니다.

최단 시간? 최단 거리?
선택에 따라 노를 젓는 방법이 달라진다

여러분은 지금 보트를 타고 강을 건너려고 합니다.

다음과 같은 두 가지 상황이 되었을 때, 각각 어떤 방식으로 노를 젓는 것이 좋을까요?

① 서둘러 가기 위해 조금이라도 빨리 반대편 기슭에 도착하려 할 경우

② 강물 속 장애물에 부딪힐 확률을 최소화하기 위해 최단 경로로 가고자 할 경우

각각 다음 그림을 참고해 A, B, C의 보트 방향 중 선택해 보세요.

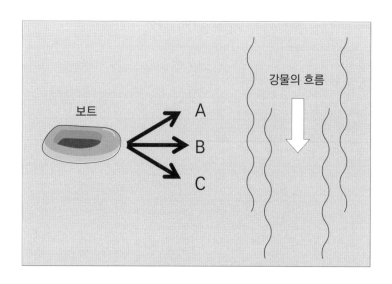

강물의 흐름

보트

A
B
C

①의 경우 B 방향, ②의 경우 A 방향으로 노를 젓는 것이 정답입니다. 여러분이 생각한 것과 같았나요?

먼저 ①에 대해 설명해 보겠습니다.

여기서 핵심은 강은 강기슭과 평행하게 흐르고 있기 때문에 **'보트가 얼마만큼 강에 떠내려가든, 반대편 기슭까지 도달하는 데 걸리는 시간과는 전혀 상관이 없다'**라는 점입니다. 즉, 시간을 생각한다면 강물의 흐름이 전혀 없는 상황과 같다고 생각하면 되는 것이지요. 그 말은 B 방향으로 노를 저으면 최단 시간에 도착할 수 있다는 말입니다.

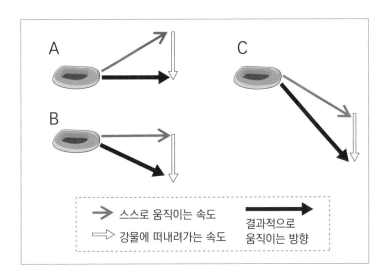

스스로 움직이는 속도
강물에 떠내려가는 속도
결과적으로 움직이는 방향

다음으로 ②를 볼까요?

이번엔 보트가 실제로 어떻게 움직여 나가는지 생각할 필요가 있습니다. 보트는 위 그림과 같이 **'스스로 움직이는 속도'와 '강물에 떠내려가는 속도'가 더해져서 움직여 나갑니다.**

최단 거리로 나아갈 수 있는 건, 강기슭에 대해 수직으로 나아갈 때입니다. 따라서 A 방향으로 노를 저을 때 최단 거리로 도착할 수 있게 되는 것이지요.

최단 시간을 목표로 갈지, 최단 거리를 목표로 갈지, 목적에 따라 노를 젓는 가장 적절한 방법도 바뀔 수 있다는 걸 아시겠지요?

미국 여행, 바람은 나를 밀어줄까?

비행기로 일본과 미국을 왕복할 때, 돌아오는 길이 가는 길보다 오래 걸립니다. 구체적으로 말하면 갈 때는 10시간, 돌아올 때는 12시간 정도 소요됩니다.

중위도 지방의 상공에서 서쪽에서 동쪽으로 부는 바람을 편서풍이라 하는데, 바로 이 편서풍이 갈 때는 순풍이 되고, 올 때는 역풍이 되기 때문입니다. 만약 편서풍이 불지 않는다면 갈 때는 순풍이 없어서 시간이 더 걸리게 되지만, 올 때는 역풍이 없으니 더 빨리 도착할 수 있습니다.

그렇다면 총 왕복시간이 짧게 걸리는 것은 편서풍이 불 때와 불지 않을 때 중 어떨 때일까요?

정답은 '편서풍이 불지 않을 때 왕복시간이 더 짧다'입니다.

또 '편서풍이 빠르면 빠를수록 왕복시간이 길어진다'라고도 할 수 있습니다.

왜 그렇게 되는지 상황을 단순하게 생각해 봅시다.

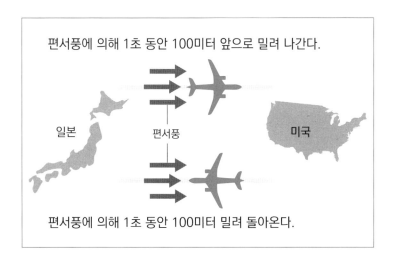

비행기가 하늘을 나는 고도 약 10~12킬로미터에서 편서풍의 속도는 최대 초속 100미터 정도입니다. 이 경우 위 그림처럼 편서풍에 의해 1초 동안 움직여지는 거리는 순풍일 때든 역풍일 때든 동일합니다.

하지만 순풍을 맞는 시간보다 역풍을 맞는 시간이 길기 때문에 결과적으로 순풍에 밀려 나가는 거리보다 역풍에 밀려 돌아오는 거리가 더 길어지게 되는 것이지요. 비행기는 '**바람**

에 밀려 돌아오는 거리-바람에 밀려 나가는 거리'만큼 자력으로 나아가야 하기 때문에 비행시간이 길어지는 것입니다.

또한 편서풍 속도가 증가할수록 '바람에 밀려 돌아오는 거리-바람에 밀려 나가는 거리'도 커지기 때문에 총 비행시간은 더 길어지게 됩니다.

편서풍의 속도는 계절이나 날씨에 따라 변하게 됩니다. 만약 편서풍이 강해지면 비행시간이 예정보다 길어질지도 모릅니다. 이런 점을 감안해서 여유를 가지고 행동하는 게 좋겠지요?

창던지기 선수는
왜 위쪽을 향해 창을 던질까?

무언가를 멀리 던지려고 할 때, 가장 먼저 떠올리는 건 가능한 한 있는 힘껏 던지는 것입니다. 하지만 똑같이 힘껏 던진다고 하더라도 던지는 각도가 다르면 비거리가 달라집니다.

어떻게 해야 더 멀리까지 던질 수 있을까요?
던지는 각도가 45도일 때 가장 멀리 던질 수 있습니다.

던지는 방향의 각도가 너무 작으면 공중에 머물러 있는 시간이 짧아져 멀리 날아가기 어렵고, 각도가 너무 크면 공중에 머물러 있는 시간은 길어지지만, 위쪽으로 날아가기만 하니 역시 비거리가 늘지는 않는다는 것을 쉽게 상상할 수 있습니다.
그렇게 균형을 잡다 보면 45도로 던질 때 가장 최적의 비거리가 됩니다.

그리고 포환던지기에서는 일정 속도로 던질 때 45도로 던지면 좀 더 효율적으로 힘을 쓸 수 있습니다. 하지만 창던지기를 할 때는 이 각도로 던지면 그다지 멀리 날아가지 못합니다. 창을 멀리 날리려면 45도보다 더 위쪽으로 던져야 합니다.

왜 그럴까요?

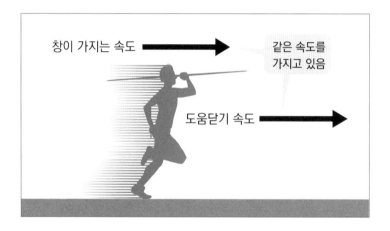

이유는 '도움닫기 속도'에 있습니다.

포환던지기를 할 때는 도움닫기를 하지 않지만, 창던지기를 할 때는 도움닫기를 하고 던집니다. 그리고 **도움닫기 단계에서 이미 창은 도움닫기와 같은 속도를 가지고 있는** 것이지요.

창던지기를 할 때는 여기에 던지는 속도를 추가하게 됩니다. 도움닫기 속도와 던지는 속도를 더한 결과, 창의 속도가

45도 방향을 향하면 창의 비거리는 최대가 되므로 던질 때 창의 각도를 45도보다 위로 향하게 하는 것입니다.

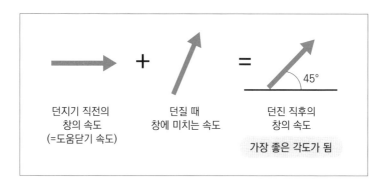

던지기 직전의
창의 속도
(=도움닫기 속도)

던질 때
창에 미치는 속도

던진 직후의
창의 속도
가장 좋은 각도가 됨

45°

　이는 다양한 스포츠에서 응용할 수 있습니다. 야구에서 먼 거리를 송구할 때는 도움닫기를 할 경우, 보다 위쪽으로 던져야 멀리 날아갑니다. 하지만 도움닫기를 하지 않을 경우라면 너무 위쪽으로 던지지 않고 45도 정도 되는 방향으로 던지는 것이 좋겠지요?

　골프도 도움닫기를 하지 않기 때문에 공을 쳐올리는 각도를 45도 정도로 한다면 비거리가 많이 나올 것입니다.

　실제로는 바람이나 공기 저항 등의 영향도 있으므로 그렇게 단순하게 생각할 수는 없지만, 이런 사실들을 알고 있는 것만으로도 조금이라도 나은 기록을 낼 수 있을지도 모릅니다.

낙하 속도는 장소에 따라 다르다

물체가 낙하할 때는 중력에 의해 속도가 올라갑니다.

중력에 의해 발생하는 가속도를 '**중력가속도**'라고 합니다. 즉, 낙하하는 속도는 1초 동안 약 9.8m/s(미터 매 초)만큼 빨라진다는 것입니다.

1초 동안 1미터를 갈 수 있는 것이 1m/s라는 속도이므로, 낙하 시에는 1초 동안 가는 거리가 1초당 9.8미터씩 증가한다는 것이지요.

그러나 이 값은 지구 어디에서 측정하는지 그 위치에 따라 미세하게 달라집니다. 중력가속도가 가장 큰 곳은 북극점과 남극점입니다. 그곳으로부터 위도가 낮아질수록 중력가속도도 줄어들게 되며 위도가 가장 낮은 적도 위에서 중력가속도가 가장 작아집니다. 북극이나 남극에서는 매 초당 약

9.83m/s, 적도에서는 매 초당 약 9.78m/s 씩 속도가 빨라집니다.

이처럼 위도에 따라 중력가속도가 변하는 건 왜일까요?

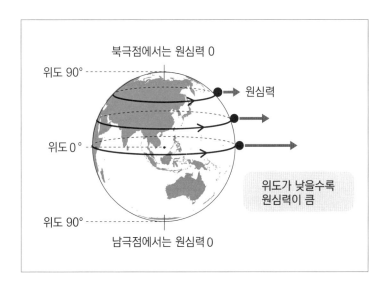

이유는 **원심력**에 있습니다.

지구는 자전하고 있기 때문에 지구상의 물체에는 원심력이 작용합니다. 그리고 위 그림처럼 원심력은 위도가 낮을수록 커집니다. 북극점이나 남극점은 회전하지 않기 때문에 원심력이 0이고, 적도에 가까울수록 큰 원 궤도로 회전하기 때문에 원심력이 커지게 되는 것이지요.

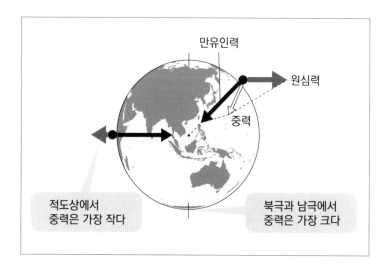

적도상에서
중력은 가장 작다

북극과 남극에서
중력은 가장 크다

지구에서 작용하는 인력을 '중력'이라고 알고 있는 사람들이 많겠지만, 중력은 그것만을 말하는 것은 아닙니다.

중력이란 '지구의 만유인력+원심력'입니다.

사실 지구는 약간 타원체이기 때문에 만유인력의 크기는 극지방에서 가장 크고, 적도로 갈수록 조금씩 작아집니다. 한편, 원심력의 크기는 위도가 낮을수록 커지므로, 중력의 크기는 적도에서 가장 작고, 북극점이나 남극점에서 가장 크게 나타나는 것이지요.

이러한 사실은 체중 측정 결과에도 영향을 미칩니다. 체중이 많이 나가는 게 신경 쓰인다면 적도에서 체중을 재는 게 좋겠지요? 다만 원심력의 크기가 가장 큰 적도라고는 하나 만유인력의 약 290분의 1 정도밖에 되지 않으니 손톱만큼 영향을 받겠지만요.

낙하 속도가 무게와 상관없는 이유는?

'가벼운 물체가 떨어질 때보다 무거운 물체가 떨어질 때 가속도가 더 많이 붙는다.'

이는 '가벼운 물체든 무거운 물체든 떨어지는 가속도는 같다.'라는 말보다도 느낌상 더 받아들이기 쉽지 않은가요?

실제로 한 장의 종이와 두꺼운 책을 동시에 떨어뜨리면 두꺼운 책이 먼저 떨어지게 됩니다. 이러한 예를 통해 '무거운 물체일수록 더 빨리 떨어진다'라는 생각이 떠오르겠지만, 사실 이것은 잘못된 생각입니다.

물체는 무게에 상관없이 같은 가속도로 떨어진다는 게 올바른 이론입니다.

그 증거로, 책과 종이를 따로따로 떨어뜨리지 않고 책 위에 종이를 겹쳐서 떨어뜨려 보면 책과 종이가 함께 떨어지는 걸 알 수 있습니다. 낙하 속도의 차이는 공기 저항의 영향에 따른 차이인 것이지요.

이 사실을 실험을 통해 처음으로 확인한 사람은 갈릴레오 갈릴레이였습니다.

높이 55미터인 피사의 사탑 꼭대기에서 작은 철공과 커다란 철공을 동시에 떨어뜨렸더니 두 철공이 떨어지는 소리가 동시에 들린 것이지요.

이 실험을 통해, 그가 중력가속도는 무게에 상관없이 동일하다고 발표한 것이 1604년입니다. 그 말인즉슨, 이전까지 인류는 무거운 물체일수록 가속도가 많이 붙는다고 생각해 왔던 것이지요.

중력가속도가 무게에 상관없이 같다는 것은 지금이야 교과서에서 당연하게 배우는 사실이지만 인류는 오랜 기간 이 사실을 몰랐답니다. 그렇기에 어떤 의미로는 우리가 무거운 것일수록 빠르게 떨어진다고 느끼는 게 당연할지도 모릅니다.

중력가속도가 무게와 상관없이 동일하다는 것을 실물을 사용하지 않고 머릿속 실험(사고실험)으로 확인할 수 있는 방법이 있습니다.

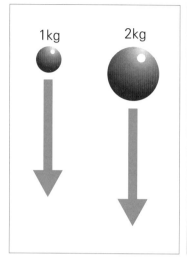
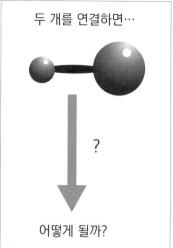

두 개를 연결하면…

1kg　2kg

?

어떻게 될까?

　위 그림과 같이 1킬로그램인 물체와 2킬로그램인 물체가 있습니다. 이때 2킬로그램인 물체가 더 큰 가속도로 떨어진다고 가정해 봅시다. 이때 이 두 물체를 연결해서 떨어뜨리면 어떻게 될까요?

　1킬로그램과 2킬로그램을 연결했으니 그 중간이 되는 가속도로 떨어지겠지요. 하지만 잘 생각해 보면 1킬로그램과 2킬로그램을 연결했다는 것은 3킬로그램인 물체가 되었다는 의미이므로 더 큰 가속도로 떨어질 수도 있는 것입니다.

　이처럼 두 가지 모순된 결론이 나오게 되는데 그 이유가 뭘까요?

그것은 바로 '2킬로그램인 물체가 더 큰 가속도로 떨어진다'라는 가정이 잘못되었기 때문입니다. 이 가정이 올바르다면 모순된 결론이 나올 리가 없습니다.

이것을 '1킬로그램이든 2킬로그램이든 같은 가속도로 떨어진다'라는 가정으로 바꾸면 당연히 '두 물체를 연결해도 같은 가속도로 떨어진다'라는 하나의 결론이 도출되므로 아무런 모순도 생기지 않습니다. 그렇기 때문에 이게 올바른 가정이 되는 것이지요.

도구를 전혀 사용하지 않고도 할 수 있는 사고실험만으로도 자연법칙을 이해할 수 있다니, 정말 대단하지 않나요?

줄다리기를 할 때 필요한 것은 힘일까, 무게일까?

같은 타이어를 장착한 두 자동차 A, B가 같은 도로 위에 있습니다. 무게는 A가 더 나가지만 마력은 B가 더 셉니다. 이 두 대의 자동차가 줄다리기를 한다면 여러분은 어느 쪽이 이길 것 같은가요?

핵심은 마찰력입니다. 자동차가 줄을 잡아당기면 그 반작용으로 줄도 자동차를 잡아당깁니다. 그런데도 그 자리에 머물러 있을 수 있는 이유는 도로로부터 마찰력을 받기 때문입니다.

줄이 잡아당기는 힘과 같은 크기의 마찰력이 발생하는 동안에는 자동차가 움직이지 않습니다. 하지만 마찰력의 한계로 그 마찰력보다 큰 힘으로 당겨진다면 자동차는 견디지 못하고 상대방 쪽으로 움직이게 됩니다.

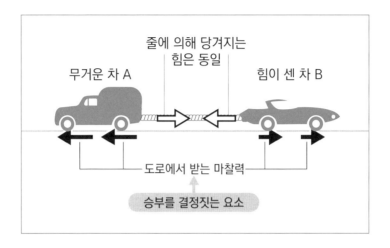

여기서 A와 B는 같은 줄에 의해 당겨지기 때문에 줄이 잡아 당기는 힘의 크기는 같습니다.

그렇다는 건, 승부가 마찰력의 한계치로 결정된다는 것을 알 수 있겠지요?

마찰력의 한계치는 도로와의 밀착 정도에 비례해 커집니다. 차는 A가 더 무겁기 때문에 도로와의 밀착 정도는 A가 B보다 큽니다. 그래서 마찰력의 한계치도 A가 더 큰 것이지요.

따라서 B가 견디지 못하고 먼저 움직이게 되니 'A의 승리'가 정답이 됩니다. 마력에서 뒤지더라도 중량이 크면 줄다리기에서 이길 수 있는 것이죠.

　따라서 체육대회 줄다리기를 할 때는 힘이 센 사람보다는 체중이 더 나가는 사람을 아군으로 두는 게 유리하겠네요.

사물의 움직임 No.8

빙판 위에서는 걸을 수 없다

여러분은 지금 마찰이 전혀 없는 미끌미끌한 빙판 위에 홀로 남겨졌습니다. 과연 그 위치에서 이동할 수 있을까요? 답을 살펴보기 전에 먼저 '걷는 것'에 대해 생각해 볼까요.

사람은 걸어서 이동할 수 있습니다. 걸음을 통해 이동하려는 방향으로 힘을 받기 때문이지요. 그 힘이 바로 **마찰력**입니다. 마찰이 있기 때문에 우리는 걸어서 이동할 수 있는 것입니다.

이는 자동차도 마찬가지입니다. 자동차가 도로 위를 이동할 수 있는 것은 타이어의 회전에 의해 도로로부터 마찰력을 받기 때문이지요. 타이어의 회전만으로 이동할 수 있는 건 아니라는 거죠. 그 증거로 자동차는 얼어붙은 노면에서는 미끄러져서 움직이지 못합니다. **마찰이 있어야만 비로소 물체나 사**

람이 이동할 수 있습니다.

　이런 사실을 염두에 두고 '마찰이 없는 얼음 위에서 이동할
수 있을까?'라는 질문에 대해 생각해 봅시다.

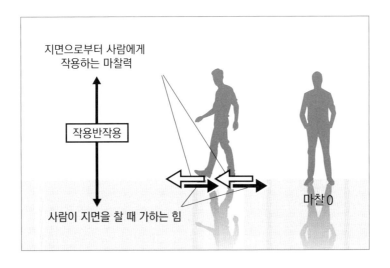

　당연히 마찰력이 없기 때문에 이동할 수 없습니다. 즉, '걸
을' 수 없는 것이지요.

　그렇다면 이동할 수 있는 수단이 전혀 없는 걸까요? 그렇지
않습니다. 마찰 없이도 이동할 수 있는 방법이 있습니다. 그것
은 바로 어떤 것이든 좋으니 몸에 지니고 있는 물건을 던지는
것입니다. 물건을 던지려면 물건에 힘을 가해야 합니다.

그러면 사람은 그 **반작용**을 받게 되지요. 이것을 **'작용 반작용의 법칙'**이라고 합니다.

마찰이 0이면 아주 작은 힘으로도 이동할 수 있습니다. 던진 물건으로부터 받는 반작용은 사람을 이동시키기에 충분한 힘이 될 수 있지요.

만약 던질 수 있는 물건이 없다면, 크게 숨을 들이마셨다가 있는 힘껏 내뱉는 것만으로도, 마찬가지로 반작용을 받기 때문에 이동할 수 있습니다. 실제로 비행기나 로켓은 이 방법을 이용해서 이동합니다.

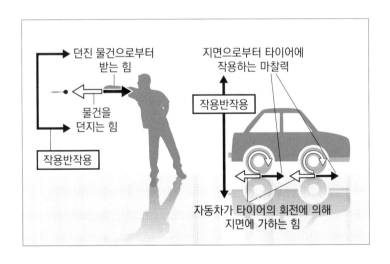

몸에 지니고 있는 물건을 던져서 이동하는 방법은 노를 잃어버려 보트를 움직일 수 없게 되었을 때도 활용할 수 있는 수단입니다. 물론 이건 최후의 수단이 되겠지만요.

지붕 위의 양동이에 물이 가득 차면,
지붕을 타고 미끄러져 내려올까?

위 그림과 같이 지붕 경사면에 양동이가 놓여 있습니다. 양동이는 처음에는 비어 있었지만 비가 내리면서 서서히 물이 차기 시작했습니다. 이대로 놔두면 양동이는 어떻게 될까요?

지붕을 타고 미끄러져 내려올까요? 아니면 그 자리에 계속 있을까요?

정답은 '그 자리에 계속 있는다'입니다.

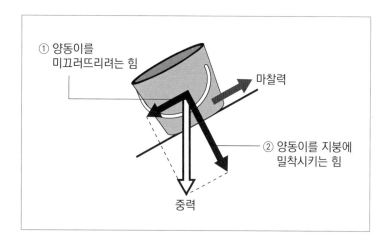

위 그림으로 설명하면 다음과 같습니다.

양동이와 그 안에 있는 물에 작용하는 중력은 위 그림의 ①, ② 두 가지로 나눌 수 있습니다.

①의 힘은 양동이를 미끄러뜨리려 하고, ②의 힘은 양동이를 지붕에 밀착시키는 작용을 합니다. 그리고 양동이 속의 물이 늘어나 중력이 커지면 ①, ② 모두 커지게 됩니다.

①이 커지기 때문에 양동이는 미끄러져 떨어질 것 같지만 그것을 막는 힘이 **마찰력**입니다.

마찰력은 양동이가 지붕에 밀착해 있을수록 커지게 됩니다. 즉, ②가 클수록 마찰력이 커지게 되는 것이지요.

양동이 속의 물이 늘어나 중력이 커지면 ①이 커지기 때문에 미끄러지려는 힘이 커지지만, ② 역시 커지기 때문에 마찰력도 커지니, 미끄러져 떨어지는 걸 막을 수 있는 것입니다.

결국, 양동이는 계속 지붕 위에 머물러 있게 됩니다. 양동이가 지붕을 타고 내려올지 어떨지는 지붕의 기울기, 그리고 양동이와 지붕 사이가 미끌거리지 않는지 여부로 결정됩니다. **양동이의 무게와 그 안의 물의 양은 전혀 상관없지요.**

그러니 비가 와도 양동이가 떨어질까 봐 걱정하지 않으셔도 됩니다. 다만, 양동이와 지붕 사이에 물이 들어온다면 미끌거리게 되니 조심해야겠지요?

지구의 자전은 조금씩 느려지고 있다

하루의 길이는 24시간입니다. 24시간 걸려서 지구는 한 번 자전합니다.

그런데 아주 오랜 옛날에는 그렇지 않았습니다. 24시간보다 짧은 시간 동안 한 바퀴 회전하였지요. 즉, **지금보다 자전 속도가 빨랐습니다.**

지구의 자전 속도는 조금씩 느려지고 있습니다. 그 페이스는 100년 후 하루의 길이가 1000분의 1초 늘어나는 정도입니다. 사람이 평생 동안 살면서 '예전에 비해 하루가 길어진 것 같다'라고 실제로 느낄 정도는 아니지만, 긴 스케일로 보면 엄청난 변화라고 볼 수 있습니다.

하루의 길이가 지금보다 1초 짧았던 것이 약 12만 년 전.

10억 년 정도 더 옛날에는 하루의 길이가 몇 시간이나 짧았습니다. 지구가 만들어진 무려 46억 년 전에는 하루의 길이가 고작 5시간 정도에 불과했습니다. 지금의 약 5분의 1 정도이죠. 이는 1년의 일수가 지금의 5배 정도인 1700~1800일이나 되었다는 말과 같습니다.

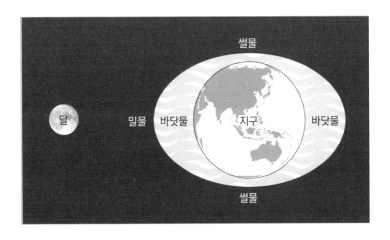

지구의 자전 속도가 줄어드는 원인은 **바닷물의 밀물과 썰물에 의해 발생하는 마찰**입니다. 바다에서는 밀물과 썰물이 발생합니다. 달에서 받는 만유인력에 의해 바닷물이 차는 것이 밀물, 그 반대가 썰물입니다. 한편, 달의 인력을 받는 곳의 반대쪽에서도 바닷물이 가득 차게 되는 것은 원심력 등의 영향입니다.

앞서 말한 것처럼 지금의 지구는 약 24시간 동안 한 번 자전합니다. 그리고 달은 약 30일에 걸쳐서 지구의 주변을 한 바퀴 돕니다. 이 둘의 **타이밍이 어긋나면서** 지구상에서 바닷물의 밀물과 썰물이 생기는 것입니다.

그리고 밀물과 썰물에 의해 바닷물이 지구상에서 이동할 때, 바다 밑에서는 마찰이 발생합니다. 이는 지구의 자전을 방해하는 방향으로 작용하기 때문에, 지구의 자전이 서서히 느려지게 되는 것이지요. 마찰력이란 정말 대단하죠?

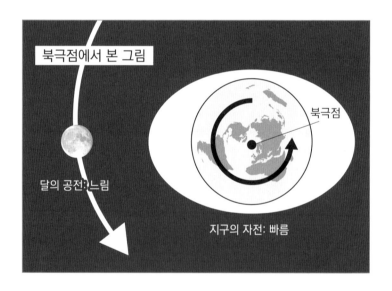

그 밖에도 지구에 운석이 떨어지면서 지구의 질량이 커지게

되어 회전이 더뎌지는 것 등도 지구의 자전 속도가 감소하는 원인이 되기도 합니다.

만약 아주 옛날에 태어났다면 짧은 하루를 보내야 했으니 무진장 바쁜 하루가 되었겠지요?

공자의 가르침을 전하는 '중용 항아리'

공자의 중용 항아리

'공자의 중용 항아리'에 대해 들어본 적이 있나요?

위 그림처럼 언뜻 보기에는 보통 항아리와 다름이 없지만, 텅 빈 채 놔두려 하면 넘어져 버립니다. 또 물을 가득 채워도 역시 넘어져 버립니다.

하지만 물을 절반 정도만 채우면 넘어지지 않습니다.

공자는 이 항아리를 보여주면서 '중용'의 중요성에 대해 가르쳤습니다.

"지식이 전혀 없어도 슬픈 일이지만 지식만 머릿속 한가득 채우는 것도 옳지 않다. 무엇이든 중용, 즉 적당한 수준이 좋다."라고 말했습니다.

자, 그렇다면 이 신기한 항아리의 내부는 어떤 구조로 되어 있었을까요?

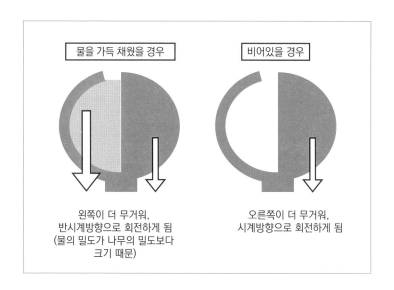

PART 1 사물의 움직임에 숨은 비밀 51

정답은 위 그림과 같습니다. 그림의 붉은 부분은 나무로 된 부분입니다. 즉, 오른쪽 반은 나무로 가득 차 있고, 왼쪽 반만 공간으로 되어 있지요.

그래서 물을 전혀 넣지 않아도, 물을 가득 넣어도, 그림처럼 **'힘의 모멘트'**(힘이 물체를 회전시키려고 하는 작용)가 균형을 잃고 넘어져 버리게 됩니다.

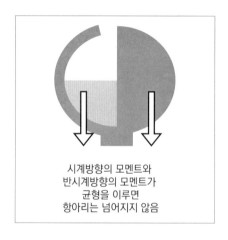

시계방향의 모멘트와
반시계방향의 모멘트가
균형을 이루면
항아리는 넘어지지 않음

하지만 적당량의 물을 넣어 힘의 모멘트가 균형을 이루게 하면 넘어지지 않습니다.

그저 말로만 중용의 중요성에 대한 가르침을 얻기보다, 이 걸 보는 게 묘하게 더 납득이 가지 않나요?

공자는 힘의 모멘트를 능숙하게 다루는 마술사였나 봅니다.

팔을 굽히고 달리는 데에는
이유가 있다

사람은 걸을 때는 팔을 거의 굽히지 않지만 달릴 때는 팔을 굽힙니다. 팔은 펴고 있는 자세가 더 편한데, 왜 굳이 팔을 굽혀서 뛰는 걸까요?

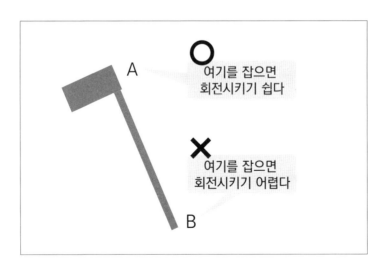

물리적으로는 **'물체를 회전시키기 어렵게 하는 것'**과 관련되어 있습니다.

물체에는 회전시키기 쉬운 것과 회전시키기 어려운 것이 있습니다. 예를 들어 농작업에서 사용하는 괭이를 생각해 보죠. 보통은 위 그림의 B 부분, 즉 손잡이 쪽을 잡고 사용합니다. 이때 B를 지점으로 해서 괭이를 회전시키기는 매우 어렵습니다. 하지만 금속으로 된 A 부분 부근을 잡고 괭이를 회전시키기는 비교적 쉽습니다.

왜 이런 차이가 생기는 걸까요?

그 이유는 회전의 지점과 금속 부분과의 거리에 있습니다. 물체를 회전시키기 쉬운지 어려운지는, 첫째로 그 물체의 질량에 의해 변하게 됩니다. 당연히 질량이 작은 쪽이 회전시키기 쉽습니다.

한편, 질량이 같은 물건일지라도, 회전축에서 먼 곳에 질량이 분포해 있을수록 회전시키기가 어렵습니다. 이처럼 **물체를 회전시키기 어렵게 하는 것은 '질량'과 '회전축으로부터의 거리'로** 결정됩니다.

이러한 사실을 알고 나면, 달릴 때 팔을 굽혀서 달리는 이유도 알 수 있습니다. 팔을 굽히면 회전축인 어깨로부터의 거리가 짧아집니다. 그래서 팔을 회전시키기 쉬워지지요.

한 예로 야구 방망이를 짧게 잡는 편이 방망이를 더 휘두르기 쉽다는 점을 보면 이해할 수 있겠죠?

삶은 달걀을 회전시키면
제멋대로 선다

책상 위에 삶은 달걀을 눕혀놓은 상태에서 빠르게 회전시켜 보세요. 그러면 그림처럼 삶은 달걀이 '서서' 회전하게 됩니다.

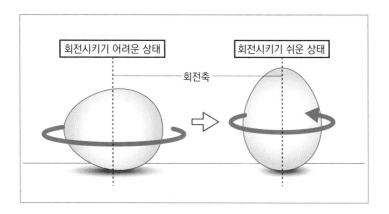

이것도 역시 앞에서 설명한 '물체의 회전을 어렵게 만드는 것'과 관련이 있습니다.

삶은 달걀이 누워 있을 때는 전체적으로 **회전축으로부터의 거리**가 커지게 됩니다. 회전시키기 어려운 상태이지요. 반대로 달걀이 서 있으면 회전축으로부터의 거리가 짧아져서 회전시키기 쉬운 상태가 됩니다. 즉, 삶은 달걀은 스스로 '회전시키기 어려운 상태'에서 '회전시키기 쉬운 상태'로 자세를 바꾸는 것이죠.

피겨스케이팅에서도 스핀을 할 때 팔을 몸 가까이 붙이기만 해도 자연히 회전 속도가 올라갑니다. 신기한 현상 같지만 이것도 팔을 뻗은 '회전시키기 어려운 상태'에서 '회전시키기 쉬운 상태'로 바뀌었기 때문이라고 이해할 수 있겠네요.

셀로판테이프와 건전지,
어느 쪽이 더 빨리 굴러 내려갈까?

건전지와 셀로판테이프를 경사진 면에서 굴렸습니다. 어느 쪽이 더 빨리 굴러 내려갈까요?

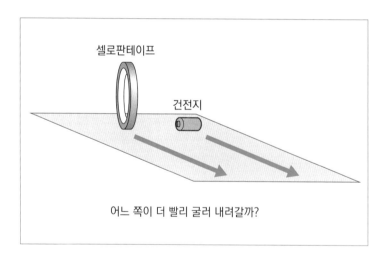

어느 쪽이 더 빨리 굴러 내려갈까?

건전지도 셀로판테이프도 회전하면서 굴러 내려갑니다. 물체는 회전하여 에너지를 가지게 되므로 굴러 내려감에 따라 **'회전 에너지'**가 증가하게 됩니다. 그렇다면 그 에너지원은 무엇일까요?

바로 물체가 높은 위치에서 낮은 위치로 이동하면서 감소하게 되는 **'중력에 의한 위치에너지'**입니다. 중력에 의한 위치에너지가 물체의 회전 에너지로 변화해 가는 것이지요.

하지만 사실 중력에 의한 위치에너지는 회전 에너지로만 변하는 건 아닙니다. 건전지도 셀로판테이프도 회전하면서 이동하는 것이기 때문에 '이동하기 위한 에너지(병진운동 에너지)'도 필요합니다.

정리하자면, **중력에 의한 위치에너지가 '회전 에너지+병진운동 에너지'로 변화**하는 것이지요.

여기서 셀로판테이프는 안쪽이 비어있고, 질량은 바깥쪽에 집중되어 있습니다.

앞에서 설명하였듯이 사물은 회전축에서 멀수록 회전이 어렵기 때문에 셀로판테이프는 건전지에 비해 회전하기 어렵다고 볼 수 있습니다. 그럼에도 불구하고 회전한다는 건 셀로판테이프가 건전지에 비해 큰 회전 에너지를 가지고 있다는 것을 알 수 있습니다.

그리고 건전지의 회전 에너지가 더 작은 만큼 병진운동 에너지는 커지겠지요. 따라서 건전지가 더 빨리 굴러떨어지게 됩니다.

2장

보이지 않는 힘이 곳곳에서 작용하고 있다

대기가 거대한 힘으로
나를 항상 짓누르고 있다면?

대기가 거대한 힘으로 우리를 항상 짓누르고 있다고 해도 무슨 말인지 감이 안 오겠지요? 그도 그럴 것이 우리는 태어난 순간부터 지금까지 계속 **대기압**을 받으며 생활하고 있기 때문이죠. 이미 대기압에 익숙해져 있기 때문에 그 크기를 실감하지는 못합니다.

그런데 우리가 계속 받고 있는 이 대기압은 사실 어마어마한 크기랍니다.

이 대기압에 대해 한번 생각해 볼까요?

대기압의 평균치는 1,013헥토파스칼(hPa)입니다. 1,013헥토파스칼이라고 해도 쉽게 감이 오지 않을 수 있으니 조금 더 감각적으로 알기 쉬운 숫자로 바꾸어 보겠습니다.

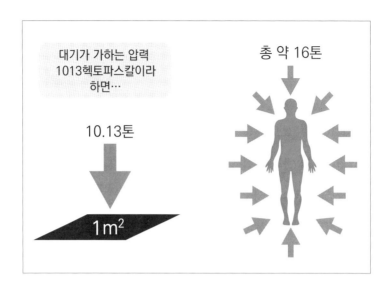

1헥토파스칼은 100파스칼, 따라서 1,013헥토파스칼은 10만 1,300파스칼이 됩니다. '파스칼'이란 압력의 단위로 1제곱미터당 얼마만큼의 힘이 작용하는지를 나타냅니다. 10만 1,300파스칼이란, 1제곱미터당 10.13톤의 힘이 작용하는 것입니다.

즉, **대기로부터 1제곱미터에 대해 약 10톤이나 되는 힘을 받고 있는** 것이지요.

사람의 인체 표면적은 개인차가 있지만, 성인의 경우 1.6제곱미터 정도이므로, 대기는 우리를 항상 16톤이나 되는 힘으로 누르고 있는 것입니다.

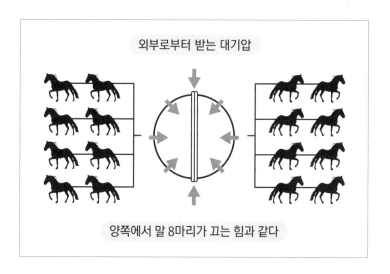

외부로부터 받는 대기압

양쪽에서 말 8마리가 끄는 힘과 같다

1654년, 독일의 게리케라는 사람이 어떤 실험을 하였습니다.

지름 50센티미터의 금속 반구를 두 개 준비하여 내부를 진공상태로 만들어 붙이고, 이것을 떼어내는 데 얼마만큼 힘이 필요한지 알아보는 것이었습니다.

금속 반구는 외부에서 대기압이 누르고 있기 때문에 떼어내려면 그것을 거스르는 힘이 필요합니다. 지름 50센티미터면 쉽게 떼어낼 수 있을 것 같지만, 양쪽에서 각각 말 8마리가 잡아당겨 겨우 떼어냈다고 합니다.

이처럼 강력한 대기압이 우리를 계속 누르고 있었던 겁니다!

어떻게 브레이크를 밟는 것만으로 무거운 차가 멈출까?

매우 무거운 자동차가 빠른 속도로 달리고 있습니다. 이 자동차를 여러분 혼자 힘으로 멈추게 만들어 보라고 하면 어떨까요? 도저히 무리일 것 같죠?

그런데 브레이크를 밟으면 차는 멈추잖아요. 이때 차를 멈추는 힘의 근원은 여러분이 브레이크를 밟는 힘, 딱 그것뿐입니다. 즉, **여러분의 힘으로 차를 멈추게 한 거예요.**

그렇게 생각하면 브레이크는 참 대단하지요? 과연 어떤 원리일까요?

브레이크는 '**파스칼의 원리**'라는 걸 이용합니다. 그림을 한번 볼까요?

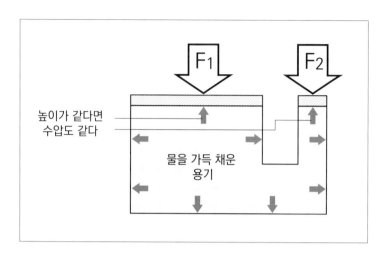

높이가 같다면
수압도 같다

물을 가득 채운
용기

용기 왼쪽의 단면과 오른쪽의 단면은 면적은 다르지만 높이
가 같기 때문에 압력도 같습니다. 그리고 '힘=압력×면적'이기
에 **압력이 같으면 발생하는 힘은 면적에 비례**하게 됩니다.

이 용기는 왼쪽이 오른쪽보다 단면적이 크기 때문에, 그림
과 같이 왼쪽의 큰 힘 F_1과 오른쪽의 작은 힘 F_2가 균형을 이
루게 됩니다. 즉, F_2라는 작은 힘으로 F_1이라는 큰 힘을 지탱할
수 있는 것이지요.

앞서 말한 것처럼 같은 압력에서 발생하는 힘은 면적에 비
례합니다. 그래서 면적의 비율을 바꾸는 것만으로도 힘의 크
기의 배율도 자유롭게 바꿀 수 있지요.

예를 들어 면적을 100배로 늘리면 힘의 크기도 100배로 늘릴 수 있는 것입니다.

이 원리 덕분에 페달을 밟는 작은 힘으로도 무거운 자동차를 멈추게 할 수 있는 것입니다!

골프공은 저항을 줄일 수 있도록 설계되어 있다

물속을 유연하게 헤엄치기란 쉬운 일이 아닙니다. 빠른 속도로 헤엄치면 칠수록 많은 에너지를 소비하게 되기 때문이죠. 에너지 소비를 조금이라도 줄이려면 물에서 받는 **저항력**을 줄여야 합니다.

2008년 베이징올림픽에서 영국의 스피도(SPEEDO) 사가 개발한 수영복 '레이저 레이서'를 착용한 선수가 연속 신기록을 세워 화제가 되었답니다. 지금은 사용이 금지되었지만 이 수영복도 물에서 받는 저항력을 효과적으로 줄일 수 있도록 설계된 것이지요.

그렇다면 저항을 줄이기 위한 다양한 방법에 대해 알아볼까요.

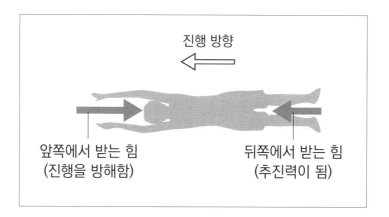

진행 방향

앞쪽에서 받는 힘
(진행을 방해함)

뒤쪽에서 받는 힘
(추진력이 됨)

물체가 액체나 기체와 같은 유체 속에서 앞으로 나아갈 때 받는 저항력은 위의 그림과 같습니다. 즉, 물체는 유체에 의해 진행을 방해받기만 하는 게 아니라 **진행의 도움을 받고 있기도** 합니다.

따라서 저항력을 줄이기 위해서는 '앞쪽에서 받는 힘을 줄이는' 방법도 있지만, **'뒤쪽에서 받는 힘을 키우는'** 방법도 있는 것이지요.

예를 들면, 아래 그림과 같이 두 개의 물체가 있을 경우 진행 속도는 같아도 유체 속을 나아갈 때의 저항력은 상당히 다릅니다.

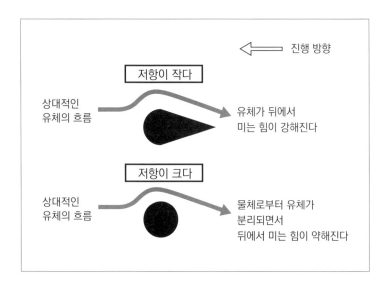

두 물체의 앞쪽 모양은 같으므로 앞쪽에서 받는 힘은 차이
가 없습니다. 차이는 뒤쪽에서 받는 힘에 있지요. 위 그림처럼
물체의 움직임에 따른 유체의 흐름을 이해한다면 그 차이를
쉽게 머릿속에 그릴 수 있을 것입니다.

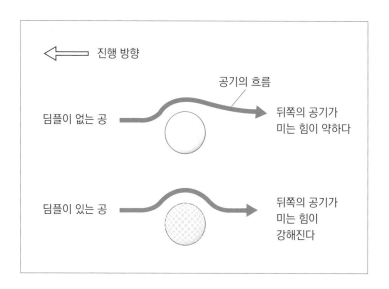

진행 방향

공기의 흐름

딤플이 없는 공 → 뒤쪽의 공기가 미는 힘이 약하다

딤플이 있는 공 → 뒤쪽의 공기가 미는 힘이 강해진다

　뒤쪽에서 받는 힘을 키울 수 있도록 설계한 것 중에 골프공이 있습니다. 골프공에는 딤플이라고 하는 표면에 패인 홈이 있습니다. 딤플은 표면이 매끈하다면 스쳐지나가 버릴 공기의 저항을 공의 뒤쪽으로 돌리는 작용을 합니다.

　스피드 스케이팅 유니폼에는 표면에 작은 돌기들이 있는 경우가 있는데 이것 역시 공기의 흐름을 뒤쪽으로 돌려서 공기의 저항을 줄이는 역할을 합니다.

　스피드 스케이팅은 얼음과의 마찰보다 공기의 저항이 승부를 좌우합니다. 실제로 해발고도가 높은 장소에서 세계 기록이 많이 탄생한 바 있지요. 그 예로, 2007년 솔트레이크시티에서 남자 500미터 세계 기록이 탄생했습니다. 해발고도 약 1,400미터인 솔트레이크시티는 평지에 비해 공기의 밀도가 약 10퍼센트나 작아, 공기의 저항도 약 10퍼센트 작아지게 되기 때문이지요. 또 피부에 가시가 아주 많이 돋아있는 고슴도치 역시 같은 원리로 물에서 받는 저항력을 줄입니다.

저항을 줄이는 방법이란 실은 **추진력을 키우는 방법**을 말하는 거였네요. 이런 관점에서 다양한 물건의 형태를 관찰해 보면, 또 몰랐던 사실을 발견하게 될지도 모릅니다.

스시로봇이 밥을 부드럽게 쥘 수 있는 이유는?

요즘 회전초밥 가게에는 초밥을 제조하는 스시로봇이 활약하는 곳이 많습니다. 밥 위에 회를 올리는 건 아르바이트생이 하지만 미묘한 힘의 강약을 조절하여 밥을 쥐는 것은 스시로봇이 합니다. 스시로봇은 뛰어난 시스템으로 절묘하게 힘의 강약을 조절합니다. 바로 **'공기압 제어'**라는 시스템입니다. 이 공기압 제어를 통해 섬세한 컨트롤이 가능하지요.

스시로봇은 밥을 몇 번에 나누어 쥡니다. 기계의 핸드 부분 위에는 공기압을 컨트롤하는 실린더가 달려 있는데, 이 실린더가 밥을 쥐는 강약을 조절합니다. 실린더 내에는 압축공기가 들어있습니다.

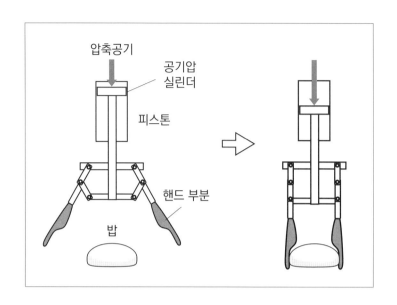

압축공기

공기압
실린더

피스톤

핸드 부분

밥

그렇다면 압축공기는 어떻게 만들어질까요?

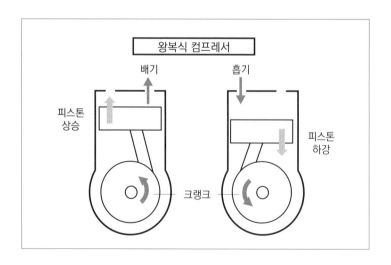

왕복식 컴프레서

배기

흡기

피스톤
상승

피스톤
하강

크랭크

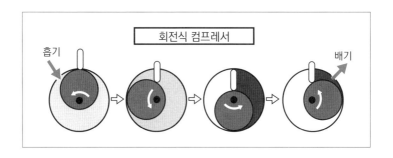

회전식 컴프레서

흡기

배기

기체를 압축하는 장치를 '컴프레서'라고 합니다. 컴프레서는 대표적으로 두 가지 타입이 있습니다. '왕복식'과 '회전식'입니다. 왕복식은 크랭크가 회전하며 피스톤을 위아래로 움직입니다. 피스톤이 올라갈 때 기체가 압축되면서 그대로 배출됩니다. 피스톤이 내려갈 때에는 기체가 감압되면서 공기를 빨아들입니다. 회전식은 롤링 피스톤을 회전시켜서 공기를 압축합니다.

초밥을 쥘 때 절묘한 강도를 실현하려면 압축공기를 잘 만들어낼 수 있는 컴프레서가 빠질 수 없습니다. 바로 이 컴프레서 덕분에 우리가 맛있는 스시를 먹을 수 있는 거였군요.

순금 왕관이 가짜라는 것을 밝혀낸 아르키메데스의 지혜

무언가를 물속에 잠기게 하면 그 물체 주위에 있는 물에서 물체를 떠오르게 하려는 힘이 작용합니다. 이 힘을 **'부력'**이라 하며 부력의 크기는 **가라앉은 물체의 부피에 비례합니다.** 이 것을 '부력의 원리'라고 하지요.

부력의 원리를 발견한 것은 아르키메데스입니다. 부력을 발견하게 된 계기는 순금으로 만든 왕관에 순금 이외의 불순물이 섞여 있지 않은지 알아보라는 왕의 명령 때문이었습니다.

눈으로만 봐서는 판단하기 어렵고 당시에는 그걸 확인할 만한 수단도 없었습니다. 하지만 아르키메데스는 아래 그림과 같이 저울을 사용한 방법을 생각해냈습니다.

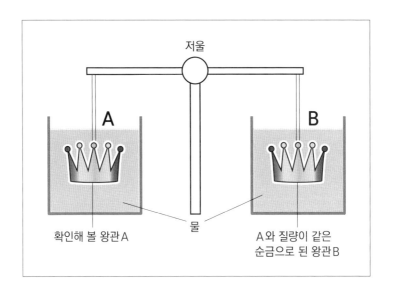

저울

A

B

확인해 볼 왕관 A

물

A와 질량이 같은
순금으로 된 왕관 B

먼저 왕관 A 그리고 A와 질량이 같은 순금으로 된 왕관 B를
준비합니다.

A와 B는 질량이 같기 때문에 같은 부력이 작용하면 저울은
균형을 이루게 됩니다. 여기서 부력의 크기는 가라앉은 물체
의 부피에 비례하므로 A와 B의 부피가 같다면 부력도 같아져
저울이 균형을 이룰 수 있습니다.

질량이 같고 부피도 같다는 것은 A와 B의 밀도가 같다는 뜻
입니다. 즉, 저울이 균형을 잡기 위해서는 A와 B의 밀도가 같
아야 하는 것이지요.

금 이외의 물질로 금과 완전히 똑같은 밀도를 만들어낼 수는 없습니다. 이는 저울이 균형을 잡으면 A는 순금, 균형을 잡지 못하면 불순물이 섞여 있다는 것이죠.

실제로 아르키메데스가 확인한 결과, 저울은 균형을 잡지 못했습니다. 아르키메데스는 부력의 원리를 응용해 왕관이 가짜임을 밝혀낸 것입니다.

금을 볼 기회란 그리 흔하지 않습니다. 그래서 오히려 더 겉으로 보이는 것 외의 부분으로 진짜인지 가짜인지를 잘 알아볼 필요가 있지요. 이 방법은 다른 물질에 대해 알아볼 때도 응용할 수 있겠죠?

그 밖에도 아르키메데스는 나선식 양수기를 발명하였고, 지렛대의 원리를 발견하였으며, 원주율이 3.14086보다 크고 3.14286보다 작다는 사실을 발견하는 등 수많은 공을 남겼습니다. 참으로 다채로운 공적들이죠?

물의 수위가 올라가게 하려면, 돌을 물속에 가라앉히는 것이 아니라 물 위에 띄워야 한다

수조 속에 물을 넣고 다음 ①, ②의 실험을 했다고 가정합니다.

① 수조 안에 돌을 가라앉힌다.

② 수조에 띄운 보트에 ①과 같은 돌을 싣는다. 이때 보트는 물에 가라앉지 않는다.

이때 어느 쪽의 수위가 더 상승할까요?

정답은 ①, ② 각각 얼마만큼 수위가 상승하는지 알면 구할 수 있으니, 한번 생각해 볼까요?

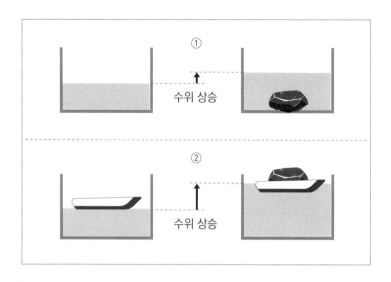

①

수위 상승

②

수위 상승

먼저 ①부터 살펴봅시다.

이 경우는 간단해서 가라앉힌 돌의 부피만큼 수위가 상승합니다.

복잡한 건 바로 ②입니다. 이 경우에서 수조 위에 보트가 떠 있을 수 있는 것은 물에서 **부력**이 작용하기 때문입니다. 그리고 보트에 돌을 실어도 보트가 물에 떠 있을 수 있는 것은 **돌의 중력만큼 부력이 증가**했기 때문이지요.

보트에 작용하는 부력은 보트의 물에 잠긴 부분의 부피에 비례합니다. 여기서 부력이 증가하는 것은 보트의 물에 잠긴 부분의 부피가 증가하기 때문입니다. 그리고 그 부피의 증가는 돌의 부피보다 커지게 됩니다.

이 사실은 ①에서 돌이 통째로 물에 잠겨있을 때 작용하는 부력으로는 돌을 들어 올릴 수 없습니다. 즉, 부력이 돌의 중력보다 작다는 사실에서 알 수 있습니다. 돌을 지탱하는 만큼의 부력을 발생하게 하려면 **돌의 부피보다 더 많이 보트가 잠겨 있어야 합니다.**

그리고 보트가 물에 잠겨있는 부분의 부피가 증가한 만큼 ②의 수위가 상승하는 것입니다.

이 수위 상승은 돌의 부피만큼 수위가 올라간 ①보다 크다는 것을 알 수 있지요.

예상치 못한 결과일 수 있지만 ②의 수위 상승이 더 크다는 것이 정답입니다.

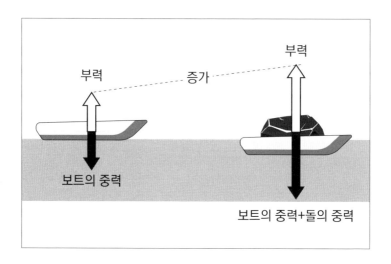

부력

증가

부력

보트의 중력

보트의 중력+돌의 중력

돌을 통째로 물에 잠기게 하는 ①이 수위가 더 많이 올라갈 거라고 생각한 사람도 많겠지요? 우리가 느끼는 게 항상 옳다는 보장은 없는 것 같네요.

잠수함은 어떻게 자유자재로 물에 떴다 가라앉았다 할 수 있을까?

자유자재로 물속에 들어갈 수도, 물 위에 뜰 수도 있는 잠수함!

잠수함으로 수중관광을 즐길 수도 있답니다. 뿐만 아니라 잠수함은 해저탐사용이나 군사용으로써도 매우 중요하게 여겨지고 있습니다.

그런데 가만히 생각해 보면 수중에 들어간 물체는 보통 뜨거나 가라앉거나 둘 중 하나입니다. 튜브가 가라앉는 일도 없고 금속 덩어리가 물에 뜨는 일도 없지요. 그런데 왜 잠수함은 물에 뜰 수도 있고 가라앉을 수도 있는 걸까요?

물체가 물에서 뜨고 가라앉는 것은 그 **밀도**에 의해 결정됩니다. 물보다 밀도가 작으면 뜨고 밀도가 크면 가라앉습니다.

그렇다면 잠수함은 어째서 물에 뜨고 가라앉는 것을 자유자재로 할 수 있는 걸까요?

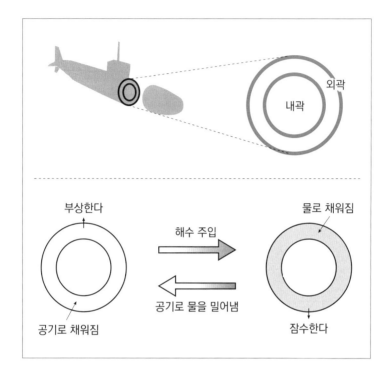

이유는 **밀도를 자유자재로 조절할 수 있다**는 점에 있습니다.

위 그림은 잠수함의 단면도입니다. 내곽과 외곽으로 둘러싸인 부분이 공기로 가득 차 있을 때는 잠수함 전체의 밀도가 물보다 작아지므로 수면에 뜨게 됩니다.

반대로 내곽과 외곽으로 둘러싸인 부분에 물을 주입하면 잠수함 전체의 밀도가 물보다 커지게 되므로 가라앉을 수 있는 것입니다.

다시 물에 뜨려면 공기를 사용하여 물을 내보냅니다. 이때 사용하는 공기는 압축하여 내부 탱크 안에 저장해 둔 것이죠. 그래서 사용할 수 있는 공기에는 한계가 있고, 잠수함이 부상과 잠수를 반복할 수 있는 횟수에도 한도가 있는 것입니다.

자유자재로 물에 뜨고 가라앉는 것처럼 보이는 잠수함도, 밀도에 의해 상승과 하강이 결정되는 원칙에 따라 움직이는 것이었군요.

칼 할아버지를 공중에 뜨게 하려면 풍선이 얼마나 필요할까?

애니메이션 영화 「UP」에서 칼 할아버지는 수많은 풍선을 가지고 자신의 집을 뜨게 만들어 모험을 떠납니다. 꿈에 부푼 이야기지만 실제로 이런 일이 가능한지 진지하게 계산해 보는 것도 재밌겠죠? 그런 꿈에 부푼 계산을 한번 해 보도록 하겠습니다.

먼저 물체에 풍선 1개를 달았을 때 풍선이 그 물체를 들어 올리려는 힘의 크기를 생각해 볼까요?

질량 1그램인 물체에 작용하는 **중력**의 크기를 1그램중이라고 합니다. 여기서는 이 '그램중'이라는 단위를 사용합니다.

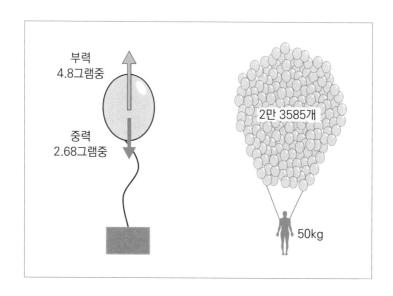

풍선의 고무 무게를 2그램중, 주입된 헬륨가스의 무게를 0.68그램중이라 하면, 풍선의 무게는 총 2.68그램중이 됩니다. 실제로 일반적인 크기의 풍선도 이 정도 무게입니다.

한편, 풍선에는 주위의 공기로부터 **부력**이 작용합니다. 부력의 크기는 풍선 부피만큼의 공기 무게와 같습니다. 풍선의 부피를 4리터라고 하면, 공기 1리터의 무게는 약 1.2그램중이므로 부력의 크기는 1.2×4=4.8그램중입니다.

풍선에 작용하는 부력과 중력의 차=4.8-2.68=2.12그램중이 바로 풍선 1개가 물체를 들어 올리는 힘이 됩니다. 즉,

2.12그램보다 가벼운 물체라면 풍선 1개로 뜨게 만들 수 있다는 것이죠.

그렇다면 풍선으로 집을 띄운다는 건 역시 현실적인 이야기는 아닌 것 같죠?

일단 50킬로그램인 사람을 들어 올리는 데 필요한 풍선의 수를 계산해 볼까요?

풍선 1개로 2.12그램을 들어 올릴 수 있으니 아래와 같이 계산할 수 있겠네요.

50킬로그램=50000그램

50000그램÷2.12그램=23584.9

즉, 2만 3,585개의 풍선이 있으면 떠오를 수 있다는 걸 알 수 있습니다.

이것만 해도 영화에 등장한 풍선 수보다는 훨씬 많은 것 같죠? 심지어 집을 통째로 뜨게 하려면 상상도 못할 만큼 풍선이 필요하다는 걸 알 수 있네요.

체중계로는 진짜 체중을 잴 수 없다

신체검사 날, 체중계에 올라갔더니 눈금이 정확히 60킬로 그램중을 가리켰다고 생각해 봅시다. 보통은 '60킬로그램'이라고 표시하지만 체중은 '무게'이고, 무게는 '중력의 크기'이므로 정확하게는 60킬로그램중이라는 표현이 맞으니 이 항에서는 '킬로그램중'이라고 표기하겠습니다.

자, 이때 보통은 '체중계가 정확히 60킬로그램중을 가리켰으니 체중은 정확히 60킬로그램중이다'라고 생각하겠지요?

하지만 실은 조금 다르답니다. 아래 그림으로 살펴볼까요?

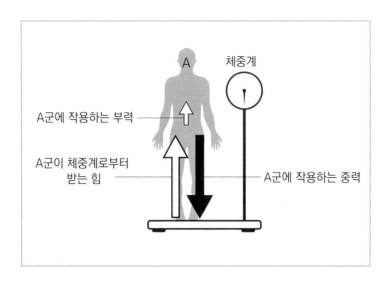

체중계

A

A군에 작용하는 부력

A군이 체중계로부터
받는 힘

A군에 작용하는 중력

체중계에 올라간 A군. A군에게 작용하는 힘은 보통 위와 같이 설명할 수 있습니다.

이때 A군에 작용하는 중력과 A군이 체중계로부터 받는 힘은 균형을 이루고, 체중계에는 그 힘의 크기가 표시됩니다.

따라서 체중계에 표시된 값은 **A군에 작용하는 중력**, 즉 A군의 체중이라는 말인데, 여기서 간과하고 있는 힘이 하나 있습니다. 주위의 공기로부터 **A군에 작용하는 부력**입니다. 유체 속에 있는 물체에는 반드시 부력이 작용합니다. 그러므로 공기 중에 있는 우리도 알게 모르게 **공기로부터 부력을 받고 있는 것**이지요.

이러한 사실까지 포함해서 제대로 생각해 본다면 아래와 같습니다.

'A군에 작용하는 중력 = A군이 체중계로부터 받는 힘 + A군에 작용하는 부력'

체중계에 표시된 값은 A군이 체중계로부터 받는 힘과 같으니 'A군에게 작용하는 중력 = 체중계의 표시+A군에 작용하는 부력 〉체중계의 표시'가 되는 거죠.

즉, **실제 체중(중력)은 체중계에 표시된 것보다 크다**는 것입니다. 만약 여러분이 체중계에 올라갔을 때 눈금이 정확히 60킬로그램중을 가리켰다면 진짜 체중은 60킬로그램중보다 많이 나간다는 말이지요.

하지만 걱정하지 않아도 됩니다. 공기의 부력은 대수로운 수준이 아니거든요. 공기의 밀도는 약 1.3킬로그램 매 세제곱미터(kg/m^3), 인간의 부피는 체중 60킬로그램중 정도인 사람일 경우 약 0.06세제곱미터이므로 부력의 크기는 이 값을 곱한 정도에 지나지 않습니다.

'1.3×0.06≒0.08킬로그램중'

　일반적으로 체중은 소수 첫 번째 자리까지 표시하니 표시에 아주 살짝 영향을 줄 정도라는 느낌입니다. 제가 겁을 주듯 표현하긴 했지만, 신경 쓸 정도의 무게가 아니니 안심해도 된답니다.

안전벨트는 왜 급브레이크를 밟을 때만 조여질까?

비행기 이착륙 시 안전벨트를 반드시 착용하라는 안내방송이 나옵니다. 비행기는 이륙 전과 착륙 후에 활주로를 달리는데 그 속도가 시속 200킬로미터 가까이 됩니다. 이렇게 빠른 속도로 달리다가 만약 어떤 문제가 발생해 갑자기 멈춰 선다면 어떻게 될까요?

브레이크가 걸리니 앞쪽으로 엄청난 힘을 받게 됩니다. 이 힘을 **'관성력'**이라고 합니다.

관성력이란 무언가에 탑승해 있고 그 탑승물에 **가속도가 발생했을 때 안에 타고 있는 사람이나 사물에 작용하는 힘**을 말합니다. 브레이크가 걸리면 앞쪽으로 작용하고, 앞으로 속도를 내면 뒤쪽으로 작용하는 힘입니다. 즉, **관성력은 탑승물의 가속도와는 반대 방향으로 작용**하는 것이지요.

고속으로 달리다가 갑자기 멈춰 설 경우 엄청나게 큰 관성력이 발생합니다. 만약 안전벨트를 하지 않으면 이 커다란 관성력에 의해 앞으로 튕겨 나가게 되어 아주 위험한 상황이 벌어질 수 있습니다. 그렇기 때문에 만일의 경우에 대비해 안전벨트를 매는 것이지요.

물론 자동차 등에서도 마찬가지입니다. 비행기만큼 빠른 속도는 아니지만 급브레이크를 걸었을 때 안전벨트를 하고 있지 않으면 앞쪽으로 튕겨 나가게 되니 매우 위험하지요.

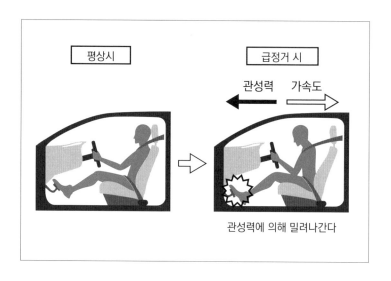

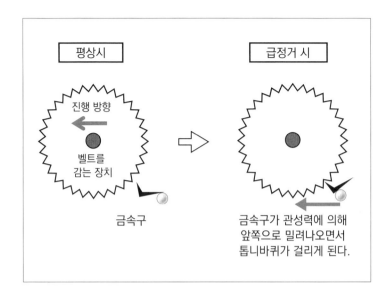

평상시

진행 방향

벨트를
감는 장치

금속구

급정거 시

금속구가 관성력에 의해
앞쪽으로 밀려나오면서
톱니바퀴가 걸리게 된다.

안전벨트는 관성력으로부터 몸을 지키기 위한 것이라는 걸 이제 알겠죠? 그런데 실은 안전벨트의 구조 자체에도 관성력이 이용되고 있답니다.

자동차에 타서 안전벨트를 천천히 잡아당기면 상당히 길게 늘어납니다. 안전벨트를 조이려면 벨트를 일단 느슨하게 풀어야 하니 평상시에 이건 큰 문제가 되지 않습니다.

하지만 정작 필요할 때 안전벨트가 느슨해져 있는 상태라면 안전벨트를 하는 의미가 없겠죠? 그래서 급브레이크를 걸 때면 안전벨트가 꽉 조여집니다. 천천히 잡아당겼을 때와는 달리 안전벨트가 풀리지 않지요. 급브레이크로 시험하는 건 위험하지만 가만히 있는 상태에서 벨트를 급하게 잡아당겨 보면 알 수 있습니다. 벨트의 이러한 구조에 이용되는 것이 바로 관성력인 것이지요.

관성력은 내 몸을 위험하게 만들기도 하지만 내 몸을 안전하게 지켜주기도 하는 것이었군요.

앞으로 구부린 자세로 스타트 대시를 하는 이유는?

단거리 달리기 주법에서 스타트 대시를 할 때, 앞으로 구부린 자세를 취한 후 점차적으로 몸을 일으키는 게 중요합니다. 따로 배운 적 없어도 자연스럽게 그렇게 하는 사람이 많을 것입니다.

무의식중에 가장 좋은 상태로 달리는 자세를 취하게 되는 것인데 이 자세가 가장 좋다고 하는 이유를 역학적으로 한번 생각해 볼까요?

스타트 대시를 할 때와 그 이후의 차이는 **가속 여부**입니다. 스타트 대시 때는 속도가 마구마구 올라가는데 어느 정도 속도가 올라갔으면 가속하지 않게 됩니다. 그것은 속도가 빨라질수록 **공기의 저항**이 커지기 때문이지요.

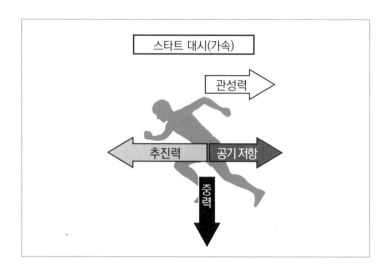

속도가 일정한 구간에서도 앞으로 나아가는 **추진력**은 계속 작용합니다. 하지만 그 힘과 동등한 공기의 저항을 받기 때문에 힘이 균형을 이루어 가속하지 않는 것입니다.

그리고 스타트 대시로 가속하는 동안에는 가속하는 방향과 반대 방향으로 관성력을 받습니다. 이때 만약 상체를 일으켜서 달리게 되면 관성력에 의해 자세가 뒤로 넘어질 것 같이 되어 불안정해집니다. 그래서 앞으로 구부린 자세를 취하게 되는 것이지요.

앞으로 구부린 자세를 취하면 중력의 작용으로 앞쪽으로 넘어질 것 같은 자세가 됩니다. 이 힘과 관성력 때문에 뒤로 넘어질 것 같은 힘이 균형을 이루면서 **밸런스를 유지할 수 있는 것**입니다.

하지만 일정 속도가 되면 관성력은 작용하지 않기 때문에 앞으로 구부린 상태로 계속 달리면 앞으로 넘어질 것처럼 됩니다. 그래서 몸을 일으켜서 달리는 것이지요.

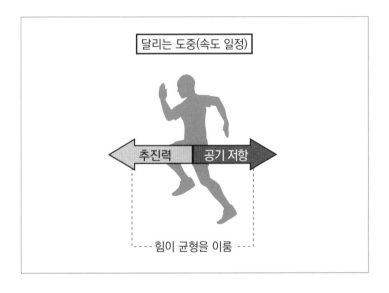

가속 중에 관성력을 받고 있는 것 따위는 의식하지 않은 사람도 많겠지만 피부와 몸은 관성력을 제대로 느끼고 있는 것입니다. 그래서 우리 몸은 관성력을 포함해 가장 밸런스를 잘 잡을 수 있는 자세를 자연스레 취하게 되는가 봅니다.

우주비행사는
어떻게 무중력 상태 훈련을 할까?

국제우주정거장 등에서 활약하는 우주비행사는 우주로 출발하기 전 고된 훈련을 합니다. 우주선 조작, 서로 다른 나라 비행사들과의 커뮤니케이션, 체력 트레이닝, 밀폐된 공간에서 견뎌내는 훈련 등 다양한데 무중력에 대한 적응 역시 그중 하나입니다.

우주로 날아가 처음으로 무중력을 체험하면 제대로 된 활동을 할 수 없기 때문에 지상에 있을 때부터 무중력에 익숙해지기 위한 훈련이 필요합니다. 하지만 지상에 무중력 공간 같은 곳이 존재할까요?

물론 그런 장소는 없습니다. 어디에 있든 중력이 존재하니까요. 그 말인즉, 지상에서 무중력을 체험하려면 무중력 상태를 인위적으로 만들어야 하는 것이죠.

그렇다면 무중력 상태는 어떻게 만들어내는 걸까요? 이때 이용하는 것이 바로 **관성력**입니다.

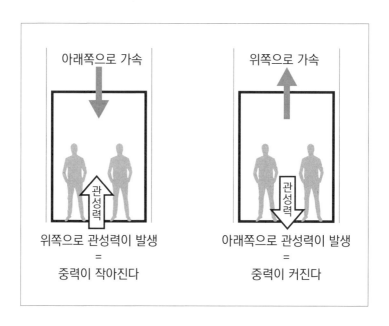

엘리베이터에 타면 위로 올라갈 때는 몸이 무겁게 느껴지고, 내려갈 때는 붕 뜨는 느낌과 함께 몸이 가벼워진 느낌이 듭니다. 이것은 엘리베이터 안에 작용하는 관성력 때문입니다.

엘리베이터가 상승, 즉 위쪽으로 가속할 때는 아래쪽으로 관성력이 발생합니다. 이것은 **중력**이 커지는 것과 같습니다. 반대로 하강, 즉 아래쪽으로 가속할 때는 위쪽으로 관성력이 생겨 중력이 작아집니다. 이것을 응용하면 무중력 상태를 만들 수 있습니다.

하강 시 관성력을 중력과 같은 크기로 만들면 아래쪽으로 생기는 중력과 상쇄되어 무중력 상태가 됩니다.

만약 엘리베이터의 와이어가 끊어져 '슝' 하고 떨어진다면 무중력 상태가 됩니다. 즉, 위쪽으로 중력과 같은 크기의 관성력이 발생하는 것이죠.

이렇게 떨어지는 것을 '자유낙하'라고 하며, **자유낙하를 하는 탑승물 내부는 무중력 상태가 되는 것**입니다.

우주비행사의 무중력 훈련은 이런 방법으로 행해집니다. 우주비행사를 태운 비행기가 먼저 고도 수십 킬로미터 높이까지 상승하고, 거기에서 한 번에 자유낙하를 합니다. 그러면 낙하하는 수십 초 동안 무중력 상태를 체험할 수 있습니다. 일단 내려오면 또다시 올라가서 자유낙하를 하고, 이걸 반복하면서 몇 번이고 무중력 훈련을 하는 겁니다.

이 방법은 우주선이 등장하는 영화 등 무중력 상태를 촬영할 때도 이용된다고 하네요. 관성력이라는 건 이런 식으로도 활용이 가능하군요.

참고로 여기서 설명한 무중력 상태를 만드는 방법은 간단한 실험으로 확인할 수 있습니다.

페트병 옆면에 구멍을 뚫고 물을 넣습니다. 페트병을 그냥 세워두면 물론 중력에 의해 구멍에서 물이 나오게 되지만, 페트병을 낙하시키면 물이 나오지 않는답니다! 이것은 자유낙하 중인 페트병 내부가 무중력 상태가 되었기 때문이지요.

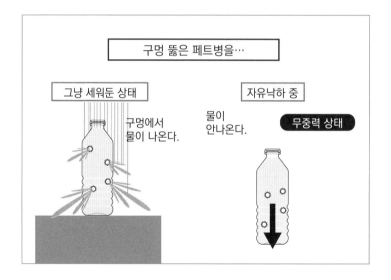

날아가는 방향이 바뀌면 비행기의 무게는 변한다

일본에서 비행기를 타고 미국으로 갈 때와 유럽으로 갈 때, 같은 비행기여도 그 무게는 차이가 납니다. 그리고 비행기를 타고 있는 여러분의 체중도 다릅니다.

말도 안 된다고요? 하지만 사실입니다.

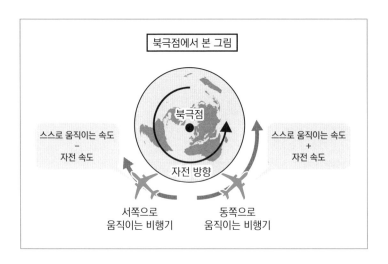

북극점에서 본 그림

스스로 움직이는 속도 − 자전 속도

북극점

자전 방향

스스로 움직이는 속도 + 자전 속도

서쪽으로 움직이는 비행기

동쪽으로 움직이는 비행기

이것은 **원심력** 때문입니다.

지구상에 있는 것들은 원래부터 지구의 자전과 같은 속도로 회전하고 있습니다. 그렇기 때문에 지구상에서 가만히 있기만 해도 원심력을 받고 있죠. 그 상태에서 지구상에서 움직이기까지 하면 움직이는 만큼 회전 속도가 변하기 때문에 원심력도 변합니다.

지구가 동쪽으로 자전을 하므로 사람이나 사물이 동쪽으로 움직일 경우 **'자전 속도'**와 **'스스로 움직이는 속도'**가 더해지지만, 서쪽으로 움직일 경우 '스스로 움직이는 속도'에서 '자전 속도'를 빼야 합니다. 그래서 위 그림처럼 동쪽으로 움직이는 비행기의 회전 속도가 더 빠른 것이지요.

결과적으로는 동쪽으로 움직일 때 더 큰 원심력을 받게 됩니다. 원심력은 중력을 상쇄하는 방향으로 작용하기 때문에 동쪽으로 이동하는 비행기와 거기에 탄 사람이 더 가벼워지는 것입니다.

물론 이것은 아주 미세한 변화입니다. 실제로는 비행기를 타도 '왠지 몸이 가벼워진 것 같은데?' 하는 느낌은 없겠지만 방향이 바뀌는 것만으로도 무게가 바뀐다는 사실은 꽤 재미있죠?

우주공간에 떠다니는 유리를 내리치면 깨질까?

이 항에서는 우주의 무중력 상태에 대해 생각해 볼까요?

우주공간에 둥둥 떠다니는 유리판이 있다고 합시다. 이를 있는 힘껏 망치로 내리친다면 유리판은 과연 깨질까요?

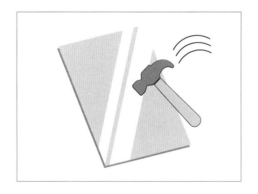

정답은 '우주공간에서도 지상에서처럼 있는 힘껏 내리치면 유리는 깨진다'입니다.

하지만 무중력 상태에서 둥둥 떠다니는 유리는 망치로 내리쳐도 왠지 안 깨질 것 같다는 생각이 드는데 왜 깨지는 것일까요? 그 원리를 한번 생각해 봅시다.

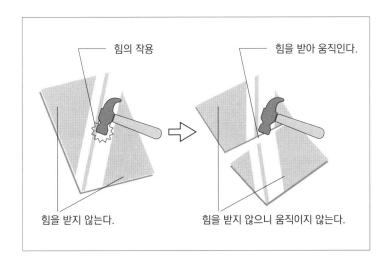

망치를 내리치기 전 유리판에는 힘이 작용하지 않기 때문에 그 자리에 머물러 있습니다. 둥둥 떠다니는 상태죠. 이 사실은 **'물체에 힘이 작용하지 않으면 움직이지 않는 물체는 계속 움직이지 않는다'**라는 '관성의 법칙'으로 이해할 수 있습니다.

그럼 여기서 망치로 유리판을 내리쳤을 때를 생각해 봅시다.

망치의 힘은 유리판에 부분적으로 가해집니다. 그 결과 유리판에는 힘이 작용하는 부분과 작용하지 않는 부분이 생기게 되지요. 그리고 힘을 받은 부분은 움직이지만 힘을 받지 않은 부분은 관성의 법칙에 의해 움직이지 않는 상태를 계속 유지하려 합니다.

이러한 **'움직이다'**, **'움직이지 않는다'의 차이**가 유리를 일그러지게 만들고, 그것이 유리가 견딜 수 있는 한도를 넘어서면 깨지는 것이죠.

이리하여 우주공간에서도 지상에서처럼 유리는 깨지게 됩니다.

물리의 법칙으로 생각해 보면 지상에서도 우주에서 발생하는 일들을 이해할 수 있습니다. 그리고 실험을 통해 그것을 확인하는 사람이 바로 우주비행사인 것이죠.

3장

우리 생각보다 훨씬 심오한 온도의 세계

100도가 되어도 끓어오르지 않는 물을 만들 수 있다

1기압에서 100도로 가열된 물은 끓어오릅니다. 1기압에서 물의 끓는점이 100도이기 때문이지요. 1기압 미만일 경우에는 끓는점이 100도보다 낮긴 하지만, 그래도 끓는점에 도달한 물은 끓어오르게 됩니다.

그런데 끓는점까지 가열해도 끓어오르지 않는 물(뜨거운 물)을 만들 수 있다면 어떨 것 같나요? 놀랍지 않나요?

아래와 같은 방법으로 끓는점에 도달해도 끓어오르지 않는 물을 만들 수가 있답니다.

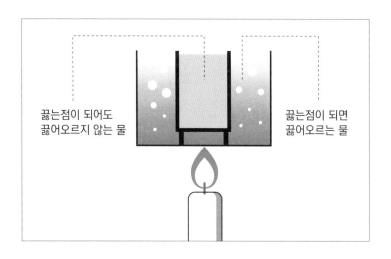

끓는점이 되어도
끓어오르지 않는 물

끓는점이 되면
끓어오르는 물

위 실험에 나타난 물의 온도는 모두 끓는점에 있습니다. 같은 온도인데도 한쪽만 끓어오르고 다른 한쪽은 끓어오르지 않는 신기한 일이 일어나는 거죠.

사실 물은 끓는점에 도달하기만 하면 끓어오르는 게 아니랍니다. 끓는점에 도달한 후에도 계속 열을 받지 않으면 끓어오르지 않습니다. 끓어오르기 위해서는 바로 열이 필요하죠.

위 그림의 바깥쪽 용기에 들어있는 물로는 열이 계속 공급되기 때문에 끓어오르기 위한 열을 계속해서 받을 수 있습니다.

하지만 안쪽 용기에 들어있는 물로는 끓는점에 도달하기까지의 열은 공급되지만, 끓는점에 도달하면 열을 더 이상 받을 수 없게 됩니다. 바깥쪽의 물과 온도가 같기 때문이지요.

열은 고온인 물체에서 저온인 물체로 이동합니다. 따라서 안쪽 물의 온도가 바깥쪽보다 낮으면 열을 받을 수 있지만, 같은 온도에서는 열을 받을 수 없습니다. 다시 말해 **끓어오르기 위한 열을 받지 못하는 것**입니다.

끓는점에 도달해도 끓어오르지 않는 신기한 물, 생각보다 만들기 쉽죠?

100도 가까이 되는 고온 사우나에서 화상을 입지 않는 이유는?

사우나를 좋아해서 자주 가는 친구들이 있죠? 혹시 사우나 안의 온도가 어느 정도인지 알고 있나요? 사우나 안의 온도는 90도 가까이나 되는 높은 온도랍니다. 만약 90도의 열탕에 들어가면 어떻게 될까요? 곧바로 화상을 입고 말겠지요.

하지만 사우나라면 괜찮습니다. 그 이유가 뭘까요?

[이유1] 발한에 의한 기화열

사우나 안에서는 엄청난 양의 땀을 흘리게 됩니다. 땀이 증발할 때 주위의 열을 빼앗아갑니다. 이것을 **기화열**이라고 합니다. 더운 한여름에 물을 뿌려주면 시원해지는 것과 똑같은 원리죠. 사우나 안은 고온이기 때문에 땀이 계속 증발해나갑니다. 이때 **몸에서 열을 빼앗아가면서** 몸을 식혀주는 것입니다.

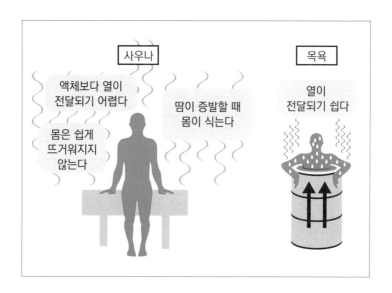

[이유2] 공기의 열전도율은 낮다.

공기는 물에 비해 열을 전달하기가 매우 어려운 물질입니다. 만약 90도의 열탕 속에 들어간다면 그 열이 마구마구 몸으로 전달되기 때문에 큰일이 나겠지만 **공기의 경우 열이 천천히 전달됩니다.** 그래서 제한된 시간 동안이라면 고온 사우나에 들어가 있어도 괜찮은 것이지요.

[이유3] 공기의 비열은 작고, 몸의 비열은 크다.

공기는 **비열**이 작은 물질입니다. 비열이란 어떤 물질 1그램의 온도를 1도 올리는 데에 필요한 열량을 말합니다.

물은 비열이 큰 물질입니다. 인간의 몸 전체도 60~70%가 비열이 큰 수분으로 이루어져 있기 때문에 비열이 큽니다. 따라서 체온을 올리려면 많은 열을 필요로 하게 되죠.

한편 공기는 비열이 작기 때문에 약간의 열을 방출하기만 해도 금세 온도가 떨어지게 됩니다. 이런 이유 때문에 몸 가까이에 있는 공기는 체온을 충분히 올리기도 전에 온도가 떨어져 버리는 것이지요.

고온이어도 화상을 입지 않는 원리를 이해한다면 안심하고 사우나를 즐길 수 있겠죠?

온도 No.3

된장국에 데면 물에 데었을 때보다 화상 피해가 크다

이 세상에 존재하는 모든 것들은 무수히 많은 원자나 분자라는 매우 작은 입자로 이루어져 있습니다. 이것들은 매우 작아서 우리 눈으로 직접 볼 수는 없습니다. 그래서 입자들이 어떻게 움직이는지 본 적도 없을뿐더러 생각해 본 적도 없지요.

그런데 이 입자들은 가만히 서 있는 것이 아니라 **매우 격하게 움직이고 있답니다.**

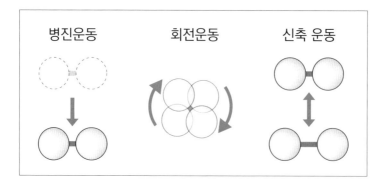

병진운동   회전운동   신축 운동

예를 들어 눈에 보이지는 않지만 항상 우리 주위에 존재하는 공기를 생각해 봅시다.

대부분이 질소 분자와 산소 분자이지만 기온이 15도일 때 질소 분자의 평균 속도는 초속 약 510미터, 산소 분자의 평균 속도는 초속 약 470미터나 됩니다. 어마어마한 속도이지요.

그렇다고 해도 실제로 기체 분자가 1초 동안 400~500미터를 이동하는 일은 없습니다. 기체 분자는 무수히 많이 존재하기 때문에 금방 다른 분자에 충돌해 버려 직진할 수가 없거든요.

분자는 격하게 움직이기 때문에 **에너지를 가지고 있습니다.** 이것은 병진운동(이동)에 의한 에너지라고 생각할 수 있습니다. 분자는 병진운동 이외에 다른 운동도 합니다. 예를 들면 회전운동입니다. 또 분자는 몇 가지 원자가 결합해서 만들어진 것인데, 원자간 거리는 일정하지 않고 늘었다 줄었다 합니다. 1초 동안 10조~1,000조 번이나 신축 진동 운동을 하고 있는 것이죠.

예를 들어 이산화탄소 분자는 적외선을 흡수하여 원자간 신축 진동 운동의 에너지로 비축합니다. 지구에서 방사하는 적외선을 이산화탄소 분자가 흡수하므로 우주공간에 방출되지 않고 온난화가 진행되는 것입니다.

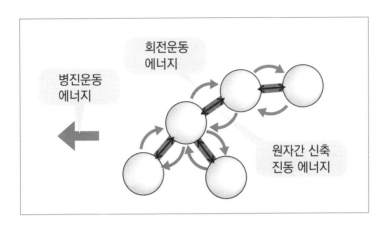

이처럼 분자는 여러 가지 형태의 에너지를 가지고 있어서 **분자의 에너지 크기는 온도만으로 정해지는 것이 아니라 분자의 크기에 의해서도 달라집니다.**

수많은 원자가 결합해서 만들어진 큰 분자는 많은 회전운동과 원자간 신축 진동을 할 수 있기 때문에 커다란 에너지를 가지고 있습니다.

예를 들어 물분자 H_2O는 3개의 원자가 결합해 만들어져 있습니다. 그래서 병진운동 에너지 외에 회전운동 에너지, 원자간 신축 진동 에너지를 가지고 있고, 이는 나름대로 큰 에너지입니다.

하지만 더 큰 분자도 많습니다. 예를 들어 뜨거운 물을 된장국으로 바꾸어 보면, 된장국 속 분자의 크기는 H_2O와는 비교할 수 없습니다. 따라서 같은 온도의 뜨거운 물과 된장국을 비교할 경우 된장국이 훨씬 더 큰 에너지를 가지게 됩니다.

온도가 같아도 뜨거운 물로 화상을 입는 것보다 된장국으로 화상을 입었을 때 피해가 큰 데는 바로 이런 이유가 있는 것이죠.

금속을 포개어 붙이기만 해도 스위치가 될 수 있다

금속은 온도가 올라가면 팽창합니다. 이를 **열팽창**이라고 하는데 팽창하는 정도는 금속의 종류에 따라 다릅니다. 예를 들어서 똑같이 온도가 상승해도 철보다 알루미늄이 더 많이 팽창하지요.

금속의 이러한 성질을 이용하면 온도에 의해 자동으로 ON/OFF 되는 스위치를 만들 수 있습니다. 우리 일상 속에서 흔히 사용되고 있는 기술로 이러한 스위치를 '**바이메탈**식 스위치'라고 부릅니다. '바이'란 '두 개'를 의미하며 '바이메탈'은 서로 다른 두 종류의 금속을 합쳤다는 말입니다.

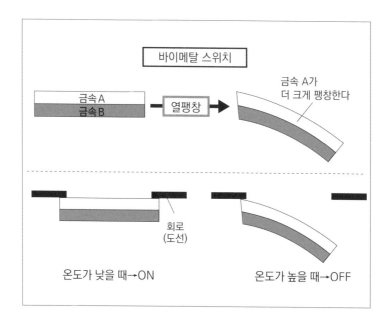

여기서 금속 A가 금속 B보다 열팽창 정도가 크다고 가정해 보겠습니다. 그러면 온도가 올라갔을 때 바이메탈은 어떻게 될까요?

A가 더 팽창하기 때문에 위 그림과 같이 활처럼 굽겠지요. 이게 바로 이 스위치의 핵심입니다. 바이메탈을 스위치에 이용하면 이처럼 '온도가 올라가면 OFF가 되고, 온도가 떨어지면 ON이 된다'는 게 자동으로 실현됩니다.

바이메탈식 스위치는 고타쓰(일본의 전통 난방기구로 아랫부

분에 특별한 전열 기구를 장착하고 이불을 덮은 작은 탁자-옮긴이)에
도 사용되고 있습니다. 일정 온도에 도달하면 스위치가 꺼지
고 온도가 떨어지면 다시 켜지는 방식입니다. 전골 요리에 사
용하는 플레이트 버너에도 온도가 너무 많이 올라가지 않도록
바이메탈식 스위치를 사용하는 경우가 있습니다.

　뿐만 아니라 바이메탈은 스위치 외에 온도계로도 이용됩니
다. 바이메탈식 온도계는 특히 높은 온도를 측정할 때 편리하
여 기름의 온도 등을 측정하는 요리용 온도계로 많이 이용되
고 있습니다. 온도에 따라 자동으로 ON/OFF 되는 스위치는
매우 심플한 원리로 되어 있지요.

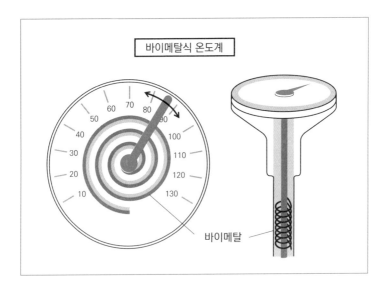

지구는 온도를 스스로 조절할 수 있다

지구온난화는 인류의 커다란 과제입니다. 하지만 지구는 그렇게 연약하지 않습니다. 웬만한 정도로는 기온이 변화하지 않도록 스스로 자신의 기온을 조절할 수 있는 힘을 가지고 있지요.

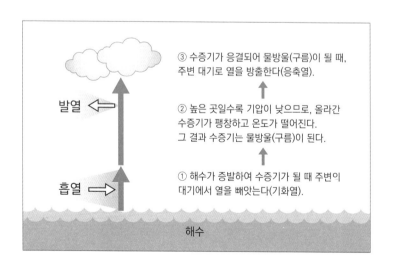

③ 수증기가 응결되어 물방울(구름)이 될 때, 주변 대기로 열을 방출한다(응축열).

발열

② 높은 곳일수록 기압이 낮으므로, 올라간 수증기가 팽창하고 온도가 떨어진다. 그 결과 수증기는 물방울(구름)이 된다.

흡열

① 해수가 증발하여 수증기가 될 때 주변이 대기에서 열을 빼앗는다(기화열).

해수

여러 가지 원리가 존재하지만 여기서는 그중 하나인 **'열펌프'**라는 원리를 소개합니다.

지구는 위 그림처럼 **지구에 있는 열을 우주로 방출합니다.**

해수가 증발하면서 지상의 열을 흡수하고 그 열을 수증기가 상공에 나르고, 다시 물방울로 되돌아갈 때 방출하는 것이지요. 상공에서 방출된 열의 일부는 우주공간으로 도망가 버립니다.

만약 지상의 기온이 올라가면 이 작용은 더욱 활발해집니다. **해수의 증발량이 늘어나기 때문**이죠. 다시 말해 이 원리에 의해 지구는 자신의 기온을 일정하게 유지하려고 한다는 것입니다.

지구의 평균 온도는 매년 조금씩 상승하고 있는데 해가 바뀐다고 크게 차이가 나는 것은 아닙니다. 그에 비해 북극의 평균 기온은 해가 바뀔 때마다 차이의 폭이 크게 나타납니다. 북극은 온도가 낮고 공기도 건조하여 앞에서 말한 원리가 작용하기 어렵기 때문이지요.

이처럼 무언가 변화가 일어났을 때 그 변화를 완화시키려는 구조를 '완충작용'이라고 합니다.

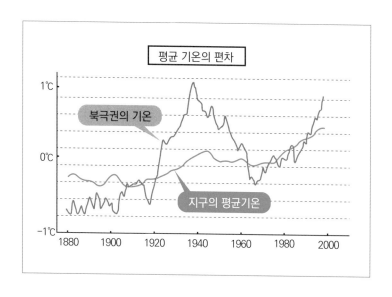

평균 기온의 편차

북극권의 기온

지구의 평균기온

이는 완충작용의 한 가지 예로 지구는 이 외에도 많은 완충
작용을 하고 있습니다. 예를 들어 공기 중의 이산화탄소 농도
가 상승하면 이산화탄소의 압력이 커지면서 해수에 많은 이
산화탄소가 녹아들게 됩니다. 이렇게 해서 이산화탄소 농도의
상승이 완화되는 것 또한 완충작용 중 하나입니다.

원래부터 지구는 변화를 막기 위한 다양한 시스템을 가지고
있었습니다. 그럼에도 불구하고 지구의 이산화탄소 농도가 상
승하고 평균 기온도 상승하고 있다는 것이죠. 이런 점들을 이
해하고 나면 인간의 활동이 지구에 얼마나 많은 부담을 주고
있는지 더욱 실감 나는 것 같습니다.

야마가타에서 최고기온을 기록한 이유

최근 여름 무더위가 화제가 되는 일이 많아졌습니다. 예를 들어 엄청난 무더위를 기록한 사이타마현 쿠마가야시와 기후현 타지미시에서 당시 일본의 최고기온이었던 섭씨 40.9도를 잇따라 기록했습니다. 그전까지는 1933년 야마가타시에서 기록된 40.8도가 최고기록이었으니 기록을 갱신한 셈이지요.

그런데 북쪽에 위치한 야마가타가 오랜 기간 동안 최고기온이라는 기록을 가지고 있었던 건 의외라는 생각이 들지 않나요? 기온이 높아지는 데는 여러 가지 원인이 있는데 야마가타의 기온이 높아지는 것은 **푄 현상**이라는 것과 관련이 있지요.

이러한 푄 현상에 대해 알아봅시다.

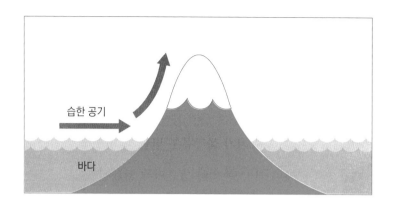

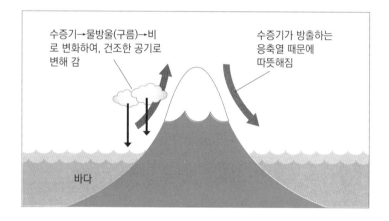

수증기→물방울(구름)→비
로 변화하여, 건조한 공기로
변해 감

수증기가 방출하는
응축열 때문에
따뜻해짐

바다

해안가를 따라 있는 산으로 바다를 지나 빠져나온 습한 공기가 다가옵니다. 이 공기는 산에 부딪히면서 상승해 갑니다. 해발고도가 높아짐에 따라 기압은 낮아시므로 이 습한 공기는 팽창하게 됩니다. 그리고 공기가 팽창하면 온도가 떨어지게 되지요. 팽창하기 위해서 에너지를 사용하기 때문입니다.

습한 공기의 온도가 떨어지면 수증기가 물방울로 변하게 됩니다. 이것이 구름이 되고 비를 내리게 하니 공기 중의 수증기는 점점 감소하게 됩니다.

여기서 핵심은 **수증기가 물방울로 변할 때 방출하는 열**입니다. 기체가 액체로 변할 때 열을 방출하게 되는데 이것을 '**응축열**'이라고 합니다. 공기가 수증기로부터 방출된 열을 받으면서 공기의 온도는 올라갑니다. 그 결과 산을 넘어온 공기는 건조하고 따뜻한 공기가 되는 것이지요.

야마가타는 푄 현상이 일어나기 쉬운 지역이라서 기온이 높아지는 것입니다. 기온에 영향을 주는 것은 그 지역의 위치뿐 아니라 지형과도 깊은 관련이 있다는 걸 잘 알겠죠?

4장

'보이는 것'과
'들리는 것'은
파동이 지배한다

왜 전 세계 어디서나 빨간 신호등은 '정지' 신호일까?

'빨간불은 정지, 파란불은 통행!'

어릴 때부터 배워서 알고 있는 규칙이니 이제 와서 의문이 생기지 않을 수도 있지만, 왜 빨간불에 정지하고 파란불에 통행하도록 정해져 있을까요? 반대로 정하면 안 되는 걸까요?

여기에는 다 이유가 있으며 세계 어디서나 공통의 규칙이 되었습니다.

그러면 빨간불이 정지 신호가 된 물리적인 이유를 살펴볼까요.

원래 색을 가지고 있는 것은 빛이며 빛이라는 것은 파동의 일종입니다. 그리고 빛에는 여러 가지 색이 있는데 그것은 **파장의 차이**에서 발생하는 것이죠.

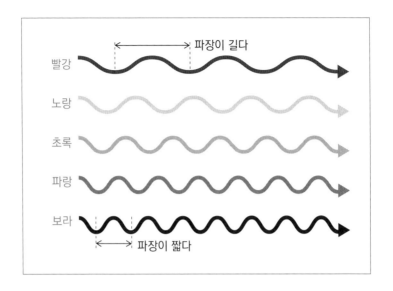

우리 눈에 보이는 빛을 파장이 긴 것부터 나열해 보면 위 그
림과 같습니다. 눈에 보이는 빛 중에 파장이 가장 긴 것은 빨
간색이라는 걸 알 수 있네요.

그런데 빛이 공기 중을 나아갈 때 공기 중에 떠다니는 티끌
이나 먼지, 그리고 공기 자체에 의해 여기저기 흩어지는 산란
이 일어날 때가 있습니다. 이때 파장이 짧은 파란색 빛에 비해
파장이 긴 빨간색 빛이 산란이 일어날 확률이 낮습니다. 즉,
우리가 보고 있는 빛 중에서 **빨간빛이 가장 산란이 일어나기
어려운 빛**이라는 걸 알 수 있습니다.

신호에서 가장 중요한 것은 '정지'입니다. 그렇기 때문에 '정지'를 나타내는 빛은 보는 사람에게 확실하게 전달되어야 합니다. 그래서 공기 중에서 가장 산란이 일어나기 어려운 빨간빛을 사용하는 것입니다.

그리고 통행은 파란불인데, 이것은 인간의 눈으로 빨강과 가장 구별하기 쉬운 색입니다. 정확히는 청록색이 빨간색과 구별하기 쉬운 색이죠. 그래서 신호등에 따라서는 '통행'을 초록색에 가까운 파란색으로 사용하는 경우도 많습니다.

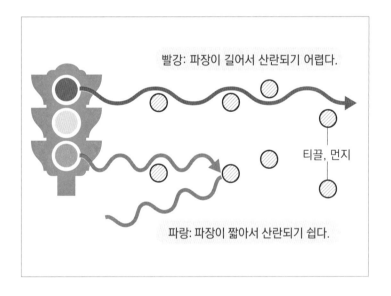

빨강: 파장이 길어서 산란되기 어렵다.

티끌, 먼지

파랑: 파장이 짧아서 산란되기 쉽다.

여기서는 신호등을 예로 들었는데 소방차나 구급차의 사이렌 색이 빨간 것도 똑같은 이유에서입니다. 정확하게 인식될 필요가 있을 경우엔 빨간색을 사용하는 일이 많은 거죠.

우리의 일상 속 규칙에는 사실 수많은 물리가 숨어 있었던 것이군요!

전용 안경 하나로
3D 영상을 볼 수 있는 이유는?

최근에는 영화관이나 테마파크뿐 아니라 가정용 TV로도 3D 영상을 볼 수 있게 되었습니다. 3D 영상을 전용 안경을 통해서 보면, 영상 속의 사람이나 사물이 튀어나와 보이거나 멀리 있는 것처럼 보이는 등 박력 넘치는 영상을 볼 수 있습니다.

원래는 평면상(2D)이던 영상이 입체적으로 보이는 것은 매우 신기한 일이 아닐 수 없지요. 대체 어떤 원리로 입체 영상을 볼 수 있는 것일까요?

한쪽 눈을 감고 시험해 보면 확인할 수 있습니다. **우리의 오른쪽 눈과 왼쪽 눈에는 각각 다른 영상이 비춰집니다.** 이 사실을 잘 이용하면 깊이감을 느낄만한 영상을 만들 수 있답니다.

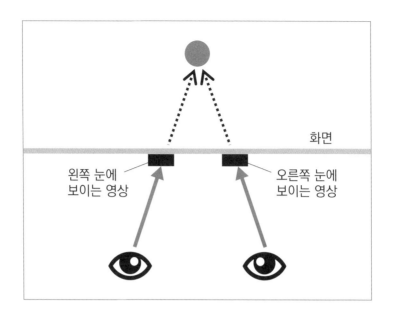

화면

왼쪽 눈에
보이는 영상

오른쪽 눈에
보이는 영상

먼저 물체가 화면보다 깊숙이 들어가 있는 것처럼 느끼게 하는 방법입니다.

위 그림처럼 **오른쪽 눈에 보여줄 영상과 왼쪽 눈에 보여줄 영상을 따로따로 비추면** 뇌는 물체가 화면보다 깊숙이 있는 것처럼 인식합니다.

또, 아래 그림처럼 영상을 비추면 물체가 코앞에 있는 것처럼 인식합니다.

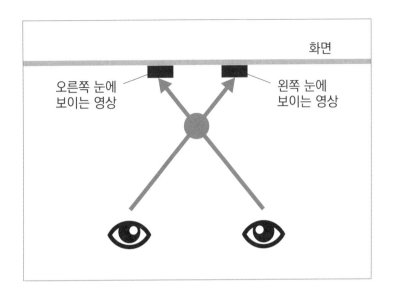

오른쪽 눈에 보이는 영상

왼쪽 눈에 보이는 영상

화면

여기서 문제가 되는 건 어떻게 해서 오른쪽 눈에 보여줄 영상은 오른쪽에만, 왼쪽 눈에 보여줄 영상은 왼쪽 눈에만 보여줄 것인지입니다. 이때 필요한 것이 바로 전용 안경입니다. 전용 안경에는 몇 가지 종류가 있는데 하나는 좌우가 번갈아가며 셔터가 열리는 타입이 있습니다. 이로 인해 오른쪽 눈과 왼쪽 눈이 번갈아가며 영상을 보게 되고, 그 타이밍에 맞춰 **오른쪽 눈과 왼쪽 눈에 각각 보여줄 영상을 번갈아가며 비추는** 방법입니다.

그 전환 속도는 약 120헤르츠(Hz), 즉 1초에 120번 번갈아가며 비추는 속도입니다. 이렇게 빠른 속도로 전환되기 때문

에 뇌에서는 동시에 보고 있는 것처럼 착각을 일으켜 입체적
으로 볼 수 있는 것이죠.

또 셔터 방식이 아니라 편광 안경을 사용하는 방식도 있습
니다.

이 방식의 경우, 오른쪽 눈에 비출 영상과 왼쪽 눈에 비출
영상이 각각 편광이라는 일정한 방향으로만 진동하는 빛으로
되어 있습니다. 오른쪽 눈에는 오른쪽 눈에 보여줄 영상만을
통과시키는 편광판, 왼쪽 눈에는 왼쪽 눈에 보여줄 영상만을
통과시키는 편광판을 사용하는 것이죠.

3D 영상 기술은 TV 등의 질을 향상시킬 뿐 아니라 다양한
상황에서 이용되고 있습니다.

예를 들어 대형 시설물을 건설하기 전 3D 영상을 사용함으
로써 모형을 만든 것보다 현장감이 생기고 경비도 줄일 수 있
습니다. 로봇에 동작을 프로그래밍할 때도, 실물을 대신하여
이용할 수도 있습니다. 최근에는 의료 수술에도 3D 영상이 이
용되기 시작했습니다.

3D 영상 기술은 앞으로 우리의 생활을 크게 바꾸어주게 될
지도 모르겠네요.

오프사이드 오심은 어쩔 수 없다?

"우리 눈에 보이는 것들은 모두 과거의 것들이다!"

이런 말을 듣는다면 놀랄 수도 있겠지만 **물체에서 방출된 빛이 눈에 닿기까지는 시간이 걸리므로** 그만큼 과거의 것들을 보고 있는 셈입니다.

밤하늘에는 수많은 별이 빛나고 있는데 그중에는 수억 년이나 예전에 내던 빛도 있고, 이제는 존재하지 않는 별의 빛도 포함되어 있습니다.

태양광 또한 8분 20초 전에 방출된 빛입니다. 우리는 실시간으로 태양을 볼 수 없고, 8분 20초 전의 태양밖에 볼 수 없지요. 중력도 빛과 같은 속도로 전달되므로 태양으로부터 지구가 받는 중력도 8분 20초 걸려 전달됩니다.

따라서 만약 갑자기 태양이 사라져도 지구상에서 8분 20초 동안은 태양광이 보이고 태양으로부터 오는 중력도 느낄 수 있습니다.

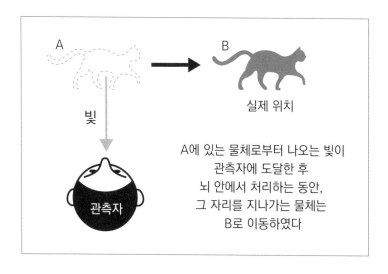

빛

실제 위치

A에 있는 물체로부터 나오는 빛이
관측자에 도달한 후
뇌 안에서 처리하는 동안,
그 자리를 지나가는 물체는
B로 이동하였다

관측자

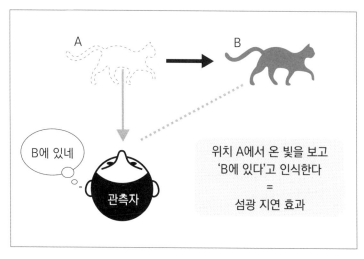

B에 있네

관측자

위치 A에서 온 빛을 보고
'B에 있다'고 인식한다
=
섬광 지연 효과

눈앞에 있는 사람을 볼 때도 아주 미세하지만 빛이 전달되는 시간만큼 과거를 보고 있는 셈입니다. 하지만 이때의 시간 차는 정말 아주 미세한 수준이라서 오히려 빛이 눈에 전달된 후 뇌 안에서 처리하는 데 더 많은 시간이 걸립니다. 그래서 **인간은 뇌에서 이루어지는 인식 처리로 인한 시간 차이를 보정하는 능력을 겸비하고 있습니다.**

관측자의 앞을 지나가는 물체가 있다고 가정해 볼까요? 물체가 위 그림의 위치 A에 있을 때의 빛을 보고 관측자가 물체를 인식했다고 해 봅시다. 이때 뇌 안에서 처리하는 데 필요한 시간만큼 물체를 인식하기까지 시간이 걸리게 됩니다. 그러면 관측자가 물체를 인식했을 땐 물체는 A보다 앞쪽(그림 속의 B)에 있게 되며, 움직이고 있는 물체의 위치를 실시간으로 바르게 인식할 수 없게 됩니다.

하지만 인간은 그것을 보정하는 능력을 지니고 있습니다. 움직이는 속도에 따라 전달된 빛의 정보보다 조금 앞쪽에 물체가 있다고 인식하는 것이지요. 이것을 **'섬광 지연 효과'**라고 하며 이는 무의식중에 일어납니다.

섬광 지연 효과는 우리가 움직이는 물체의 위치를 정확하게 파악하는 데 도움이 되는 반면, 난감한 문제를 일으키기도 합니다. 바로 축구의 오프사이드 오심이 그 전형적인 예입니다.

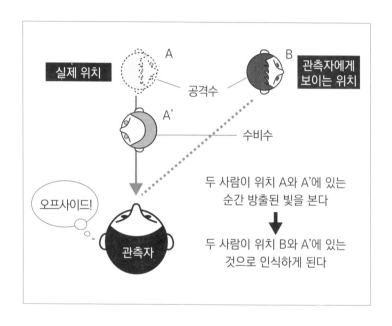

섬광 지연 효과는 움직이는 물체에만 작용합니다. 멈추어 있는 물체는 위치가 변하지 않기 때문에 인식에 시간이 걸려도 문제가 없기 때문입니다. 그래서 움직이는 물체와 멈추어 있는 물체를 동시에 보았을 때 관측자는 착각을 일으킵니다.

이것은 사실 같은 시간에 바로 옆에 있어도 섬광 지연 효과가 움직이는 물체에만 작용하기 때문에 한 사람만 전방으로 튀어나간 것처럼 보이는 것이죠.

축구에서는 위 그림처럼 사실은 오프사이드가 아닌데도 오프사이드로 보여서 오심이 되기도 합니다. 사람이 심판을 하는 이상 오심을 완전히 방지하는 건 어려운 일일 수도 있 겠네요.

운석이 떨어지면 폭풍이 발생하는 이유

2013년 러시아의 우랄산맥 인근 첼랴빈스크주를 습격한 운석 낙하 및 폭발 뉴스를 기억하나요? 그 피해가 반경 100킬로미터에 이르렀다니 실로 놀랍습니다.

이것은 음속을 넘어서 낙하하는 운석에 의해 **충격파**가 발생한 것이 원인이었습니다. 그 충격파에 대해 알아볼까요.

충격파는 **음속보다 빠르게 움직이는 물체가 만들어내는 수많은 음파**가 아래 그림처럼 겹치면서 발생합니다. 그리고 충격파에 의해 폭음과 폭풍이 발생하지요.

또 고속인 물체의 앞쪽 공기는 갑작스럽게 압축되어 초고온이 됩니다. 여기서 등장한 운석은 초속 약 18킬로미터의 속도로 다가오는데, 그 표면의 공기의 부피는 수백만 분의 1로 압축되어 수만 도까지 올라갔다고 합니다. 이 고온의 공기가 빛을 방출하고 있었던 것이지요.

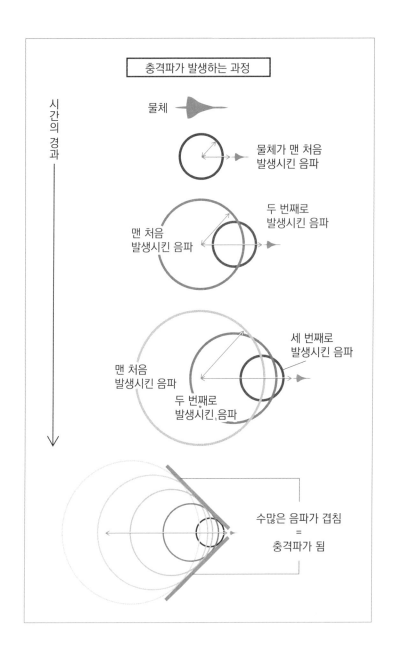

충격파가 발생하는 과정

시간의 경과

물체

물체가 맨 처음 발생시킨 음파

두 번째로 발생시킨 음파

맨 처음 발생시킨 음파

세 번째로 발생시킨 음파

맨 처음 발생시킨 음파

두 번째로 발생시킨 음파

수많은 음파가 겹침
=
충격파가 됨

그리고 물체가 날아가 사라지면 공기는 바로 팽창합니다. 그러면 이번에는 온도가 낮아지면서 구름이 만들어지기 쉬운 상태가 됩니다.

충격파는 운석의 낙하뿐 아니라 여러 경우에 발생합니다. 예를 들면 영국과 프랑스가 공동으로 개발한 콩코드가 있습니다. 콩코드는 마하2라는 속도로 날 수 있었습니다. 마하2란 음속의 2배를 말하며 무려 시속 2,400킬로미터입니다. 일반 여객기가 대략 시속 900킬로미터이니 얼마나 빠른 속도였는지 상상할 수 있겠죠? 그래서 일반 여객기보다도 비행시간을 상당히 단축할 수 있었습니다.

하지만 충격파에 의해 엄청난 소음이 발생하는 게 큰 문제였습니다. 게다가 연비도 좋지 않아 1976~2003년에는 운항했었지만 지금은 이용되지 않고 있습니다.

또 터널을 만드는 공사 등에서 다이너마이트를 폭발시키면 폭발에 의해 수많은 물체가 음속 이상으로 속도가 올라가면서 충격파가 발생합니다. 이 충격파를 **폭굉파**라고 하며 마하 15(약 초속 5킬로미터)나 되는 속도라고 합니다.

천둥이 울릴 때의 '우르르르' 하는 소리도 충격파에 의한 것입니다. 번개의 전하가 공중으로 방전되면서 엄청난 열이 발생하고 공기가 급속도로 가열되어 팽창하면서 충격파가 발생하는 것이지요.

충격파가 발생하는 사례가 생각보다 많이 존재하는 만큼 피해를 줄이기 위한 주의가 필요하겠군요.

소리를 발생시키면 소리가 사라진다고?

고속열차나 고속도로의 발달은 지역발전에 큰 도움이 됩니다. 하지만 도로가에 사는 사람들은 소음으로 고통을 받는 경우도 적지 않지요. 그래서 새로운 교통망을 건설할 때는 소음 대책을 세우는 것이 매우 중요합니다.

그렇다면 소음 대책에는 어떤 방법이 있을까요? 물론 방음벽 설치도 필요하지만 가장 효율적인 소음 대책은 '**소리의 간섭**'을 이용하는 방법이라고 합니다.

'간섭'이란 소리 등의 파동이 서로 겹치면서 더 강해지거나 약해지는 것을 말합니다. 이 간섭을 이용하면 아래 그림처럼 소음을 '딱!' 사라지게 할 수 있습니다.

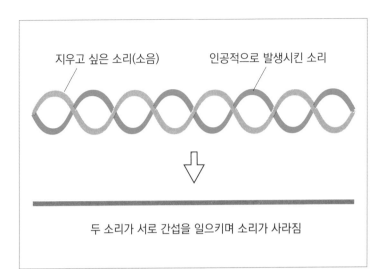

지우고 싶은 소리(소음)　　　인공적으로 발생시킨 소리

두 소리가 서로 간섭을 일으키며 소리가 사라짐

즉, 지우고 싶은 소음의 봉우리 부분과 계곡 부분이 상반되도록 음파를 인공적으로 발생시키는 것입니다. 그렇게 하면 소음과 인공적으로 발생시킨 **소리가 서로 간섭을 일으켜 서로 약화시키면서 소리가 사라지는** 원리입니다.

비행기에서 음악을 듣기 위해 사용하는 이어폰도 이 같은 원리를 이용한 것입니다. 비행기 엔진 소리를 마이크로 집음하고 전기회로에 의해 순간적으로 봉우리 부분과 계곡 부분이 거꾸로 된 음파를 만들어내어 엔진소리를 사라지게 만듭니다. 그 덕분에 엔진 소리로 시끄러운 기내에서도 음악을 잘 들을 수 있는 것입니다.

이러한 원리를 **'노이즈 캔슬링'**이라고 합니다. 소리를 추가하여 소리를 지운다고 하면 왠지 신기한 느낌이지만 파동의 성질을 적절하게 이용한 방법이랍니다.

파동 No.6

들리지 않는 소리가
출혈의 원인이 되기도 한다

헬리콥터가 날아오르는 순간을 본 적이 있나요? 바로 눈앞에서 본 적은 없더라도 TV 영상으로 본 적은 있을 거예요.

헬리콥터가 날아오를 때 보면 처음 프로펠러가 천천히 돌때는 소리가 들리지 않습니다. 하지만 프로펠러의 회전 속도가 올라가면서 큰 소리가 들리게 되지요. 사실 프로펠러가 천천히 돌 때도 소리가 안 나는 것은 아닙니다. 프로펠러가 돌면 주변의 공기가 진동하면서 속도와 상관없이 소리가 발생합니다. 그러나 천천히 회전하는 동안 발생하는 소리의 진동수는 작기 때문에 들리지 않는 것뿐이지요.

이렇듯 **사람에게 들리지 않을 정도로 진동수가 작은 소리를 '저주파'**라고 합니다. 구체적으로는 1초 동안 진동이 20회 이하인 소리를 저주파라고 하며, 인간의 귀에는 들리지 않습니다. 프로펠러가 회전하기 시작했을 때는 저주파가 발생하기 때문에 **소리가 존재해도 귀로는 들리지 않는** 상태가 되는 것입니다.

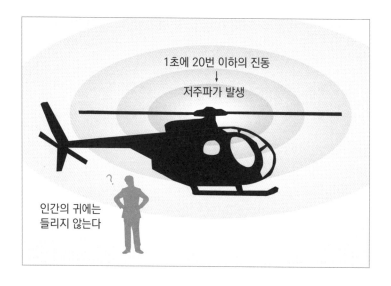

저주파 소리는 들리지 않을 뿐 우리 주위 곳곳에 존재합니다.

예를 들어 사람의 피부는 마이크로바이브레이션이라는 미세한 진동을 하고 있습니다. 그래서 인체에서는 1초 동안 8~12회 진동하는 미세한 저주파가 항상 나오고 있지요.

또 저주파가 원인이 되어 내출혈 등의 병을 일으키기도 합니다. 저주파가 발생하는 환경에 있으면 바깥 공기와 연결된 폐에 그 진동이 전달되고 폐는 저주파와 함께 진동하게 됩니다. 이 진동에 의해 폐와 다른 부분이 마찰을 일으켜 내출혈을 일으키게 되는 것이지요.

저주파는 보일러, 에어컨 실외기, 자동차 엔진, 고속도로, 댐 등 여러 곳에서 발생합니다.

저주파는 귀에 들리지 않기 때문에 가령 저주파로 인해 건강에 문제가 생겼다 해도 바로 알아차리지 못하는 경우가 많습니다. 기억해 두어서 손해 볼 건 없겠죠?

몸집이 큰 사람의 목소리 톤이 낮은 이유는 뭘까?

처음 본 키 큰 남성이 하이톤으로 말을 걸어온다면 좀 놀라지 않을까요? 그것은 일반적으로 키 큰 남성의 목소리 톤이 낮은 경우가 많기 때문입니다.

그렇다면 왜 키 큰 남성은 목소리 톤이 대체로 낮은 걸까요?

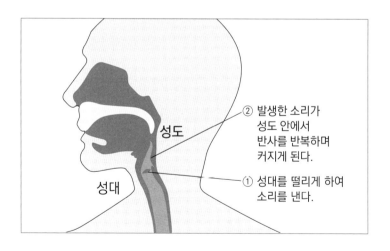

성도

성대

② 발생한 소리가 성도 안에서 반사를 반복하며 커지게 된다.

① 성대를 떨리게 하여 소리를 낸다.

사람은 성대와 성도를 사용해 위 그림과 같은 원리로 목소리를 냅니다. 성도는 일반적으로 남성이 여성보다 더 길고, 키가 클수록 성도도 긴 경우가 대부분입니다. 성대에서 발생한 소리는 성도안에서 커지게 되는데 성도가 길수록 소리의 파장이 길어집니다. 그리고 **파장이 긴 소리일수록 낮은 소리가 되므로** 일반적으로 키 큰 남성의 목소리가 낮은 경우가 많은 것이지요.

남자아이는 성인이 되면서 목젖이 앞으로 튀어나오게 됩니다. 이때 목젖이 성도를 당기면서 성도가 늘어나게 되니 변성이 일어나고 목소리가 낮아지는 것입니다.

그러면 헬륨가스를 마시면 목소리가 변하는 건 왜일까요? 헬륨가스를 마셔도 성도의 길이가 변하는 건 아니기 때문에 소리의 높낮이도 변하지 않는 게 맞겠죠?

하지만 헬륨을 마시면 소리의 진행이 빨라집니다. **소리의 높낮이는 파장뿐 아니라 진행 속도에 의해서도 변하기 때문입니다.** 빠르게 진행하는 소리일수록 높은 소리가 되지요. 그래서 헬륨을 마시면 목소리 톤이 높아지는 것이랍니다.

사람마다 목소리의 톤은 각양각색이지만 거기에는 물리적인 이유가 있다는 걸 이제 알겠죠?

5장

전기와 자기로
가득 찬 세상

전기는 가만히 있으면서 빛의 속도로 전류를 전달한다고?

오늘날 전자제품은 생활필수품이 되었습니다. 전자제품은 전류가 흘러야 작동을 하니 우리 주변에는 전류가 여기저기서 흐르고 있는 셈이지요.

가정에서 사용하는 전류는 집에서 태양광 발전을 하는 경우 등을 제외하고는 모두 발전소로부터 송전됩니다. 발전소가 멀리 떨어져 있어도 전기는 순식간에 송전되어 옵니다. 전류가 전달되는 속도는 초속 30만 킬로미터로 빛의 속도와 같습니다.

전류의 정체는 **전자라는 작은 입자로 음의 전기를 가지고 있으며 눈에 보이지 않습니다.** 수많은 전자가 일제히 움직이는 것을 '전류가 흐른다'라고 표현하지요. 그렇다면 전류가 초속 30만 킬로미터로 전달된다는 것은 그 본질인 전자가 초속

30만 킬로미터로 움직이고 있다는 뜻일까요? 아뇨, 그렇지 않습니다. 전자의 속도는 초속 0.1밀리미터 정도로 아주아주 느리게 움직입니다.

그런데 이상하지 않나요? 전자는 초속 0.1밀리미터로 움직이고 있는데, 어째서 전류는 초속 30만 킬로미터라는 빠른 속도로 전달될 수 있는 걸까요?

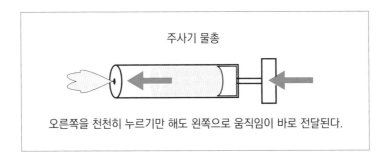

주사기 물총

오른쪽을 천천히 누르기만 해도 왼쪽으로 움직임이 바로 전달된다.

이것은 주사기 물총을 상상하면 이해할 수 있습니다. 주사기 물총의 한쪽을 꾹 누릅니다. 그러면 곧바로 반대편에서 물이 나오죠. 순식간에 물의 움직임이 전달되는 것입니다.

하지만 이때 물 자체도 그렇게 빨리 움직이고 있을까요? 물 자체의 움직임은 전혀 빠르지 않습니다. 하지만 계속해서 연쇄적으로 힘이 전달되므로 물의 움직임이 순식간에 반대쪽으로 전달되는 것입니다.

전류의 전달 방법 역시 이와 비슷합니다. 전자 하나하나는 매우 느린 속도로 움직이고 있지만 그 **수가 매우 많기** 때문에 연쇄적으로 반응하여 순식간에 멀리까지 전달되는 것입니다.

예를 들어 구리의 경우, 겨우 1세제곱 밀리미터짜리 구리 안에 들어있는 전자 수가 무려 85,000,000조 개나 됩니다. 이렇게 많은 전자로 꽉 차 있으니 엄청난 속도로 움직임이 전달되는 것입니다.

전기를 사용할 때 전자가 어떤 모습으로 움직이는지 상상해 보는 것도 재미있겠죠?

온도 차이가 있다면 전기가 생길 수 있다

온도 차이만 있으면 전기를 만들어낼 수 있다는 걸 아세요?

서로 다른 종류의 금속 두 개를 접촉시켜 **온도 차이를 주기만 하면 전류가 흐르게** 됩니다.

왠지 신기한 현상이긴 한데 이 현상은 나사(NASA)의 명왕성 탐사기 뉴호라이즌스 등에 탑재된 원자력 전지에도 응용되었습니다.

원자력 전지에는 플루토늄-238 등의 방사성 동위원소가 들어 있습니다. 방사성 동위원소란 방사선을 방출하며 자연히 붕괴되어 가는 원소로 붕괴될 때 열을 방출합니다. 이 열과 영하 270도인 우주공간과의 온도 차이를 이용해 발전을 하는 것입니다. 반감기(반이 될 때까지의 기간)가 긴 것을 사용하면 장기간에 걸쳐 사용할 수도 있습니다.

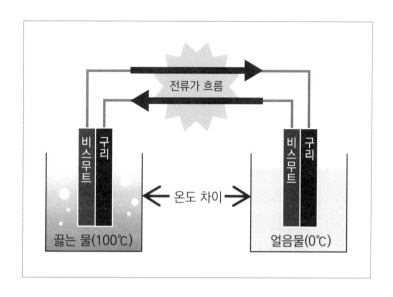

전류가 흐름

비스무트 구리

비스무트 구리

온도 차이

끓는 물(100℃)

얼음물(0℃)

　

지구 주위를 도는 인공위성이나 화성과 목성 사이에 소행성들이 집중적으로 분포하는 소행성대 지역까지만 탐사하는 우주탐사기라면 태양광을 충분히 많이 얻을 수 있기 때문에 원자력 전지가 아니라 태양전지를 사용합니다. 원자력 전지를 사용하면 발사 실패나 추락 등으로 인해 방사성 물질이 유출될 위험성이 있기 때문이지요. 하지만 더 멀리까지 날아가는 탐사기의 경우, 태양광만으로는 충분하지 않기 때문에 원자력 전지도 사용합니다.

이처럼 온도 차이가 전류를 만들어내는 현상은 우리 일상 속에서도 활용할 수 있습니다.

한 예로 공장, 자동차, 가정에서 **폐열을 이용하는 것**을 들수 있습니다. 사실 세계 곳곳에 있는 석탄, 석유, 천연가스 등의 화석연료로부터 얻을 수 있는 열의 약 70%는 이용되지 못한 채 불필요한 폐열이 되고 있습니다. 너무 아깝지 않나요?

하지만 이 폐열과 공기와의 온도 차이로 전기를 만들어낸다면 불필요하게 버려지는 것을 줄일 수 있습니다. 오늘날에는 지금껏 무의미하게 버려져 왔던 폐열을 에너지원으로 만드는 연구도 활발히 이루어지고 있습니다.

이렇게 온도 차이가 전류를 만들어내는 현상은 1822년 독일의 제베크라는 사람이 발견했습니다. 그 당시는 전지조차 충분히 발명되지 않은 상태였기 때문에 그의 발견은 다른 연구자들에게도 큰 영향을 주었습니다.

예를 들어 제베크가 이를 발견한 지 4년 후, 독일의 옴이 '옴의 법칙'을 발견했습니다. 전지를 사용한 실험이 쉽지 않은 상황에서 옴은 온도 차이에 의해 전류를 발생시켜 실험을 했고 전류와 전압의 관계에 대한 법칙을 발견했습니다. 옴의 법칙의 발견은 제베크의 발견이 있었기에 가능한 것이었지요.

하나의 과학 법칙의 발견이 다른 발견으로 이어지는 경우가 종종 있는데 이것도 역시 그 예라고 할 수 있을 것입니다. 그리고 발견된 지 200년도 더 된 지금까지도 그 현상의 활용 가능성은 계속해서 커지고 있습니다.

압력이 있으면 전기가 흐른다

안경에 묻은 오염물질을 제거하기 위해 안경 세척기를 사용할 때가 있습니다. 물속에 넣고 잠시 동안 두면 깨끗해지는 장치로 안경을 끼지 않는 분들도 아마 안경점 앞을 지날 때 본 적이 있을 것입니다.

이 장치는 초음파를 이용하기 때문에 '초음파 안경 세척기'라고 불리기도 하죠. 초음파 세척기에서는 **압전소자**라는 것이 중요한 역할을 합니다.

압전소자란, 압력을 가하면 전류가 흐르는 물질입니다. 또 전류를 흐르게 하여 압력을 발생시킬 수도 있습니다. 초음파 세척기의 경우, 전류를 흐르게 해서 진동을 일으켜 사용합니다.

아래 그림처럼 초음파 세척기의 바닥에는 압전소자가 부착

되어 있습니다. 여기에 고주파 전원을 접속하여 전류를 흘려보내면 진동을 일으킵니다. 이때의 진동수는 2만~10만 헤르츠입니다. 다시 말하면 1초라는 짧은 시간 동안 2만~10만 번이나 진동하는 것이죠.

압전소자의 진동에 의해 물속에 **초음파**가 발생합니다. 사람이 들을 수 있는 소리는 진동수 20~20000 헤르츠 범위 내의 소리인데 압전소자의 진동수는 2만 헤르츠가 넘기 때문에 사람이 들을 수 없는 초음파가 되어 발생합니다.

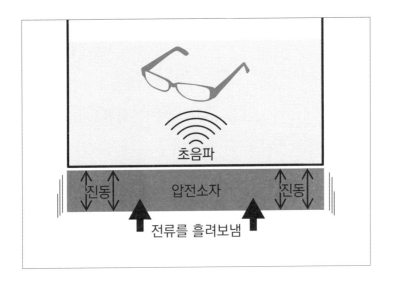

물속이어도 압력의 변화가 전달된다면 공기 중에서와 마찬가지로 음파가 발생합니다. 그리고 이 압력 변화에 의한 힘이 안경에 전달되면서 부착된 오염물질을 제거해 주는 것이지요.

단지 소리일 뿐인데 진동수가 커지면 오염물질을 제거하는 힘을 가질 수도 있네요.

전기의 송전방식은
에디슨의 패배와 관련이 있다

지금은 가정에 전기가 들어오는 것이 당연해졌지만 송전의 역사는 그리 길지 않습니다.

1879년에 여러분도 잘 아는 대발명가 에디슨이 백열전구를 발명했습니다. 그리고 각 가정에서 전구를 사용할 수 있도록 하기 위해 뉴욕에서 전선을 까는 사업을 시작했습니다. 이것이 바로 송전의 시작입니다.

하지만 오늘날의 송전방식은 에디슨이 했던 것과는 다른 방식입니다. 에디슨은 '직류' 방식으로 송전을 했지만 오늘날의 송전은 대부분이 **'교류'** 방식입니다. 우리나라뿐 아니라 전 세계에서 교류 방식을 택하고 있습니다.

여기에는 그 위대한 에디슨이 부하직원에게 패배를 당했다는 의외의 이야기가 있습니다. 직류 방식의 송전 사업을 시작한 에디슨에게 이의를 제기한 인물이 있었습니다. 바로 에디슨의 부하직원이었던 **테슬라**라는 인물입니다. 테슬라는 직류 방식이 아닌 교류 방식으로 송전해야 한다고 주장했습니다.

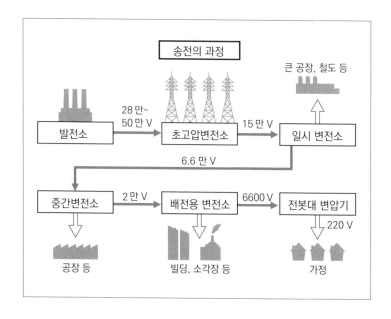

교류 방식에는 두 가지 장점이 있다는 이유에서였습니다.

첫째는, 변압기를 사용해 **전압을 변환할 수 있다**는 점입니다. 전선을 통해 장거리 송전을 할 경우, 어떻게든 전력손실이 발생할 수밖에 없습니다. 하지만 높은 전압으로 송전하게 되면 그 손실을 줄일 수 있지요.

그래서 오늘날에는 위 그림과 같이 전압을 변환하면서 송전합니다.

이처럼 전압을 변환할 수 있는 건 바로 교류 방식이기 때문입니다. 만약 직류 방식으로 송전하게 되면 전압을 변환할 수 없기 때문에 전선에서의 전력 손실이 너무 커져버리게 됩니다.

둘째는, '**교류 모터**'를 사용할 수 있다는 점입니다. 교류 모터의 구조는 다음과 같습니다.

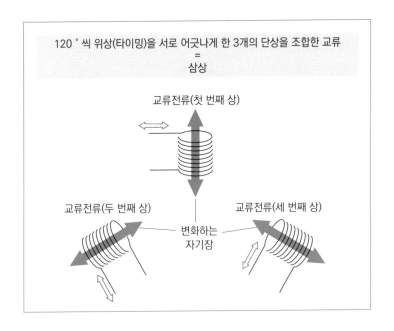

120°씩 위상(타이밍)을 서로 어긋나게 한 3개의 단상을 조합한 교류
=
삼상

교류전류(첫 번째 상)

교류전류(두 번째 상)

교류전류(세 번째 상)

변화하는
자기장

위 그림처럼 타이밍을 서로 어긋나게 하여 세 개의 교류전류를 보냅니다. 그러면 그것에 의해 만들어지는 세 개의 자기장도 타이밍이 어긋나면서 변화해 갑니다. 그 결과 아래 그림처럼 모터가 돌아가게 되지요. 조금 어려운 내용이지만 이것이 교류 모터의 대략적인 내용입니다.

교류 모터는 직류 모터와 달리 브러시나 정류자와 같은 도구가 필요 없습니다. 직류 모터를 사용하면 브러시와 정류자 사이에 마찰이 발생하는 까닭에 정기적으로 교환해 주어야 합니다. 또 직류 모터는 전압을 바꾸지 않으면 회전 횟수를 바꿀 수 없습니다. 하지만 교류 모터라면 주파수를 변환하여 회전 횟수를 제어할 수 있지요.

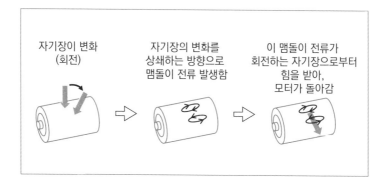

자기장이 변화
(회전)

자기장의 변화를
상쇄하는 방향으로
맴돌이 전류 발생함

이 맴돌이 전류가
회전하는 자기장으로부터
힘을 받아,
모터가 돌아감

위에서 설명한 두 가지 장점 때문에 테슬라는 '교류 방식으로 송전해야 한다'고 주장하였습니다. 그리고 그 주장이 옳다는 판단으로 결국 교류 송전 방식의 손을 들어주게 되었지요.

교류 송전을 주장한 테슬라는 에디슨과 결별 후 웨스팅하우스사를 창설하는 데 힘썼습니다. 에디슨에게도 의외로 이런 사연이 있었군요.

그렇다면 교류 송전은 단점이 없는 걸까요? 무엇이든 장점이 있다면 단점이 있는 법. 교류 송전에도 단점은 있습니다.

첫째, 전압의 실효값(교류 전압의 평균값)이 100볼트일 때 최댓값은 약 141볼트가 된다는 점입니다. 직류일 경우 100볼트라면 쭉 100볼트로 전압이 일정하지만, 교류는 전압이 항상 변동되기에 순간적으로 고전압이 되기도 합니다. 그래서 절연을 더욱 강화할 필요가 있지요.

둘째, 여러 전류를 합류시킬 때 그 타이밍을 맞추는 게 어렵다는 점입니다. 이것 또한 직류일 경우 전류의 값이 일정하기 때문에 어렵지 않지만, 교류 전류의 값은 변동되므로 타이밍이 어긋나면 서로 약화시키기도 합니다.

이렇듯 교류 방식보다 직류 방식으로 송전하는 것이 좋은

점도 있어 일부에서는 직류 송전을 채택하기도 합니다. 일본에서는 홋카이도와 혼슈, 시코쿠와 혼슈를 잇는 송전에서 각각 직류 방식을 이용하고 있습니다. 전기를 송전하는 것도 결코 쉬운 일은 아니네요.

N극만 있거나 S극만 있는 자석은 존재하지 않는 걸까?

자석은 반드시 N극과 S극이 함께 존재합니다. 둘이 한 세트라서 **'다이폴'**이라고 하지요. '다이'는 '둘', '폴'은 '극'이라는 뜻입니다. 이에 반해 N극 또는 S극 어느 한쪽만 존재하는 것을 '모노폴'이라고 합니다. '모노'는 '하나'를 말합니다. 하지만 세상 어디에도 N극만, 또는 S극만 있는 모노폴은 존재하지 않습니다. 모두 다이폴로서 존재하지요.

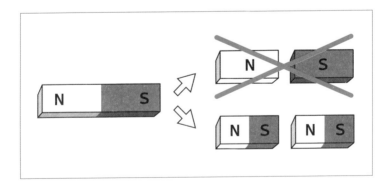

그렇지만 왠지 신기하기도 합니다. 예를 들어 막대자석의 가운데를 정확히 자르면 N극 또는 S극만 존재하는 모노폴이 될 것 같지 않나요? 그런데 실제로는 위 그림처럼 다이폴이 두 개 생겨나게 됩니다. 이것은 이렇게 생각해 보면 이해할 수 있습니다. 한 개의 자석 안에는 사실 **'미니자석'**이 많이 들어 있다고 말이죠.

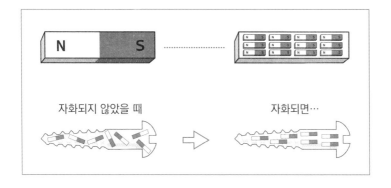

막대자석에는 N극과 S극이 모두 같은 방향으로 나열된 '미니자석'이 많이 들어 있습니다. 쇠못의 경우 안에 들어있는 '미니자석'은 방향은 제각각이지만 자석을 가까이 대면 모두 같은 방향을 가리키며 자석이 됩니다. 즉, 자석을 잘게 잘라도 N극만 있는 자석이나 S극만 있는 자석이 되지는 않는 것입니다.

여기서 말하는 '미니자석'은 정확히 말하면 **전자의 스핀(자**

전)이 만들어내는 **자기력**입니다. 원자 안에는 전자가 존재하고 전자는 원자핵 주변에서 움직입니다. 그 움직임은 천체와 같이 자전과 공전으로 이해할 수 있습니다. 자석의 원자 안에서는 전자의 스핀에 의해 **자기장**이 발생하며, 이것을 여기서는 '미니자석'이라고 표현했습니다.

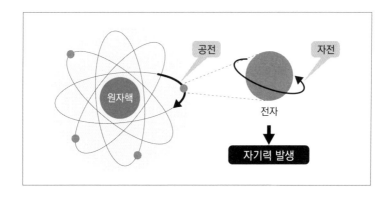

이 세상에 'N극' 또는 'S극'이라는 실체는 존재하지 않습니다. **전자의 움직임이 자기력을 발생시키고 있는 것**에 지나지 않지요. 그렇게 생각하면 본질은 **전자의 움직임(전류)**이라는 걸 알 수 있습니다.

눈에 보이지 않는 작고 작은 입자가 평상시 우리가 느끼는 힘을 조정하고 있다니 놀라운 일이지요?

전기와 자기가 힘을 합쳐 맛있는 밥을 짓는다

전기밥솥은 밥이 다 되면 자동적으로 취사를 종료하는 매우 편리한 물건입니다. 하지만 밥이 다 지어졌다는 것을 어떻게 알 수 있을까요? 밥의 양에 따라 필요한 취사 시간이 다르기 때문에 단순히 타이머 때문은 아닐 것입니다. 사실 자동적으로 취사 스위치가 꺼지는 원리는 자석의 의외의 성질을 이용한 것입니다.

바로 **'일정 온도가 되면 갑자기 자기력을 잃게 되는'** 성질입니다.

자석이었던 것이, 자석이 아니게 된다? 자석을 고온으로 달구면 그런 신기한 일이 진짜로 일어납니다. 그렇다면 얼마나 높은 온도로 달구면 자기력이 사라질까요?

자석의 종류에 따라 다르지만 철로 만들어진 자석의 경우 자기력이 사라지는 온도는 769도입니다. 그래서 쇠못을 자석에 가까이 대면 쇠못 자신도 **자화**, 즉 자석이 되어서 달라붙게 되는데 769도를 넘으면 자기력을 잃고 자석에서 떨어지게 됩니다.

이 값은 이 현상을 연구한 피에르 퀴리의 이름을 따서 '퀴리 온도'라고 합니다.

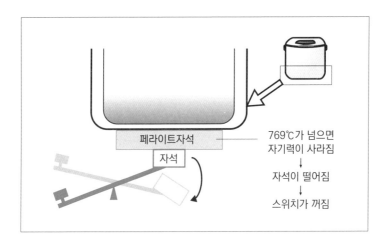

페라이트자석

자석

769℃가 넘으면
자기력이 사라짐
↓
자석이 떨어짐
↓
스위치가 꺼짐

그렇다면 자석의 이러한 성질이 전기밥솥에서는 어떻게 활용되고 있을까요?

전기밥솥의 바닥에는 페라이트자석이 부착되어 있습니다.

페라이트자석은 주로 산화철로 만들어진 자석으로 특별한 건 아니고 과학 수업 실험 등에서도 사용되는 것입니다.

취사 스위치를 누르면 그 아래에 있는 다른 자석이 페라이트자석에 붙으면서 회로가 켜지고 전류가 흐르면서 취사를 시작합니다. 그리고 취사가 끝날 때는 밥솥 안에 있는 수분이 줄어들고 밥솥 바닥의 온도가 올라가면서 페라이트자석의 온도도 올라갑니다.

이윽고 페라이트자석이 퀴리온도에 도달하면 자기력이 사라지게 되므로 자석이 떨어지면서 회로가 꺼지고 전류가 흐르지 않게 됩니다.

이처럼 자석이 높은 온도에 의해 자기력을 잃어버리는 덕분에 자동 취사가 가능합니다. 고온으로 인해 자기력을 잃는 것은 자석의 단점이기도 하지만 전기밥솥에는 그것을 장점으로 활용하는 지혜가 숨어 있었군요.

만보기 속에서
바쁘게 뛰어다니는 자석

건강에 대한 관심이 높아지면서 몸에 지니기만 해도 걸음 수를 측정할 수 있는 만보기(만보계)가 인기를 끌고 있습니다.

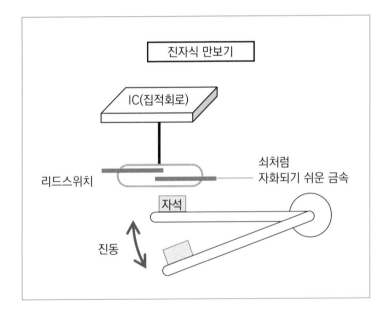

주머니에 넣거나 옷에 장착하기만 해도 걸음 수를 측정해 주어 편리한데, 이 만보기는 과연 어떤 원리로 만들어져 있을 까요?

오래전부터 존재하던 것은 진자식 만보기입니다. 진자가 진동하여 자석이 리드스위치에 다가가면 금속이 **자화**되어 달 라붙습니다. 그러면 집적회로(IC)가 켜지면서 카운팅을 합니 다. 그리고 자석이 떨어지면 회로가 꺼지게 되는데 진동할 때 마다 켜졌다 꺼졌다를 반복합니다. 이 원리는 냉장고나 펼쳤 을 때 불이 들어오는 폴더형 휴대전화에도 사용됩니다. 하지 만 진자식은 걸음 이외의 진동까지 카운팅될 수 있다는 단점 이 있습니다. 그 단점을 보완한 것이 바로 가속도 센서식 만보 기입니다.

가속도 센서식 만보기는 압전소자를 사용합니다. 압전소자 는 앞쪽 〈전기와 자기 No 3 – 압력이 있으면 전기가 흐른다〉 에도 등장했는데 외부 압력이나 진동에 의해 전압이 발생하는 물질이었죠?

아래 그림의 진동판이 진동하면 압전소자에 힘이 가해지면 서 전압이 발생합니다. 이 전압을 집적회로가 카운팅해서 걸음 수를 계측하는 것입니다.

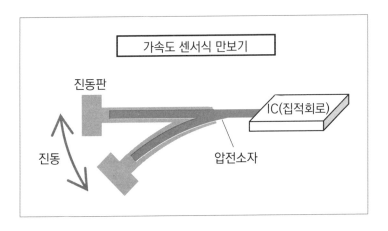

진자식은 켜지거나 꺼지는 것 두 가지뿐이지만 전압에는 값이 있습니다. 그래서 전압의 변화 패턴을 해석하여 그 진동이 걸음에 의한 것인지 아닌지를 집적회로가 구별할 수 있는 것이죠.

이처럼 걸음 수를 더욱 정확하게 측정할 수 있는 것들이 늘면서 만보기의 보급이 늘고 우리의 건강 지키미 역할을 해 줄수 있을 것 같네요.

전자기력으로 배나 권총을 조작할 수 있다

'전자 추진선'이라는 배를 알고 있나요? 이것은 스크루 같은 걸 사용하지 않고 **전류가 자기장으로부터 받는 힘만을 동력으로 하는** 특수한 배입니다.

세계 최초의 전자 추진선은 일본에서 개발된 '야마토-1호'로 1992년 진수하여 항해 실험에 성공했습니다. 질량 185톤, 전장 30미터, 폭 10.39미터 크기의 알루미늄 합금으로 만든 배로 최대 속도는 시속 약 15킬로미터입니다. 지금은 고베 해양박물관에 전시되어 있지요.

전자 추진선이란 어떤 것일까요?

다음 그림은 모식같은 것인데 핵심은 해수 안에 자기장을 가하는 것과 해수에 전류를 흐르게 하는 것입니다.

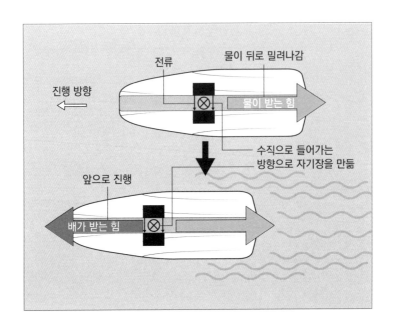

전류   물이 뒤로 밀려나감

진행 방향

물이 받는 힘

수직으로 들어가는
방향으로 자기장을 만듦

앞으로 진행

배가 받는 힘

전류는 자기장으로부터 힘을 받습니다. 이때 배의 내부에 있는 물은 후방으로 밀려 나갑니다. 그러면 그 반작용으로 배가 앞쪽으로 밀리면서 앞으로 움직이게 되는 것이죠.

이런 원리로 추진력을 만들어내는 배가 바로 **'전자 추진선'** 입니다. 단, 이 원리만으로 거대한 배를 쉽게 움직일 수 있는 것은 아닙니다. 초전도 코일을 이용해 강력한 자기장을 발생시켜 전류가 받는 힘을 더 크게 만들어야 합니다. 그래서 이 배는 '초전도 전자 추진선'이라고 불리지요.

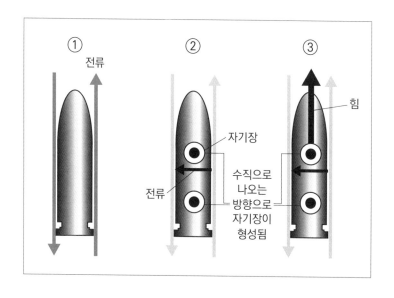

① 전류

② 자기장
전류
수직으로
나오는
방향으로
자기장이
형성됨

③ 힘

전자 추진선에 대해 알아보았는데 '레일건'의 원리도 이와 같습니다. 레일건은 화약을 이용한 것보다 빠르게 발사할 수 있는 권총입니다.

위 그림 ①처럼 각각 반대 방향으로 전류가 흐르는 두 개의 레일 사이에 레일에 접촉하도록 금속 발사체를 삽입합니다. 이때 발사체에 전류가 흐를 수 있도록 발사체의 피복도 전기가 통하기 쉬운 재료를 사용해야 합니다. 그러면 발사체에 전류가 흐름과 동시에 두 레일에 흐르는 전류에 의해 ②와 같이 종이면에 수직으로 나오는 방향으로 자기장이 형성됩니다.

발사체에 흐르는 전류는 ③처럼 **자기장으로부터 힘을 받습**

니다. 이 전류가 자기장으로부터 받는 힘이 추진력이 되어 발사체가 튀어 나가게 되는 거지요.

이 방법은 권총 외에도 로켓의 대체 수단으로도 연구되고 있습니다. 만약 이 방법을 로켓에 이용할 수 있다면, 지금보다 비용을 덜 들이고 우주에 인공위성이나 물자를 실어 나를 수 있게 될지도 모른다고 합니다.

앞서 말한 '야마토-1호'는 항해 실험에는 성공했지만, 실용화에는 이르지는 못했습니다. 그렇지만 이 원리 자체에는 커다란 가능성이 잠재되어 있다고 할 수 있겠지요.

자기장을 사용하면
지구 깊숙한 곳까지도 알 수 있다

자석은 우리 일상 속에서 냉장고에 메모지를 붙일 때 사용하는 자석, 전자제품 속 모터, 발전기 등 수많은 곳에서 사용되고 있지요. 이 자석의 자기력은 앞에서 말한 것처럼 전자라고 하는 눈에 보이지 않는 작은 입자의 움직임이 만들어내고 있습니다.

그런데 자나 깨나 우리와 항상 맞닿아있는 자석이 있습니다. 바로 지구입니다. **지구라는 것은 거대한 자석입니다.** 이 사실은 지구의 자기력으로 인해 나침반이 항상 같은 방향을 가리키는 것을 통해 확인할 수 있지요.

자, 그렇다면 자기력을 만들어내는 것이 전자의 움직임이라는 점을 볼 때, 지구 안에서도 전자가 움직이고 있다는 건데요. 대체 지구 어디에서 전자가 움직이고 있는 걸까요? 바로 지구 아래 깊은 곳입니다.

　지구의 내부는 아래 그림처럼 되어 있다고 추측합니다. 지구의 중심부에는 대량의 철이 있고, 그 양은 지구 전체 질량의 3분의 1로 추정됩니다. 철은 금속이기 때문에 전류를 흐르게 할 수 있지요. 바로 이 전류, 즉 전자의 움직임이 지구를 거대한 자석으로 만들고 있는 것입니다.

　좀 더 정확히 말하자면, 지구에 자기장이 발생한다는 것은 곧 지구 내부가 금속으로 되어 있다는 의미인 것입니다.

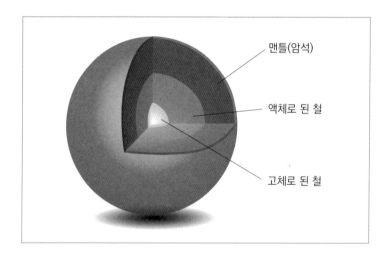

맨틀(암석)

액체로 된 철

고체로 된 철

　지구 내부가 금속으로 되어있다는 건 인간이 관측해서 확인한 것은 아닙니다. 실제로 인간이 지금까지 파 내려간 깊이는 약 10킬로미터에 불과합니다. 지구의 반경은 약 6,400킬로미터이므로 1퍼센트도 채 파지 못한 셈이지요. 오래도록 인간이 살아온 지구이지만 그 내부는 인간에게 아직까지 미지의 세계인 것입니다.

다만 자기력은 전자의 움직임에 의해 발생한다는 물리학적 지식과 이해로 지구의 내부에 대해 알 수 있었던 것이죠.

참고로 약 10시간이라는 짧은 주기로 자전하는 목성은 매우 강한 자석으로 되어 있다고 알려져 있습니다. 자전 속도가 빠르면 자전에 의해 발생하는 전류가 커지기 때문이지요.

반면 약 244일 주기로 자전하는 금성의 자기력은 그 강도가 지구의 약 2,000분의 1밖에 되지 않는다고 하네요.

지구의 자기장은 몇 번이나 역전해 왔다

지금은 일상생활에서 자석을 많이 사용하고 있지만, 인공적으로 자석을 만들 수 있게 된 것은 20세기 들어서서였다고 합니다. 그전까지는 불가능했습니다. 그런데 그 이전부터도 인류는 자석을 이용해 왔습니다. 특히 대항해시대에 들어온 뒤로 나침반은 없어서는 안 될 물건이 되었지요.

당시 이용했던 자석은 인공자석이 아닌 **'천연자석'**이었습니다. 그렇다면 천연자석이란 무엇일까요?

천연자석이란 말 그대로 천연적 즉, 자연적으로 만들어진 자석을 말합니다. 천연자석의 원료 물질은 주로 자철광 등의 철광석입니다. 이것은 처음부터 자석이었던 건 아니지만 천둥번개로 생긴 강력한 자기장 등 자연 현상에 의해 그림과 같이 자화되어갔습니다. 물론 이렇게 되기까지 오랜 세월이 걸렸지요. 또 화산에서 분출한 마그마가 식으면서 굳어져 화성암이 될 때도 지구의 자기장의 영향을 받아 아래 그림과 같은 원리로 약한 자석이 됩니다.

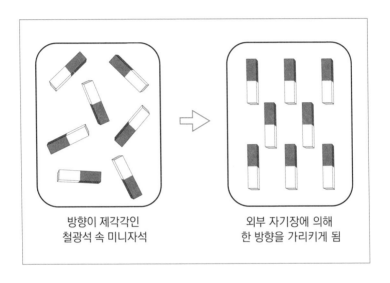

방향이 제각각인
철광석 속 미니자석

외부 자기장에 의해
한 방향을 가리키게 됨

천둥 번개 같은 자연 현상에 의해 자화된 천연자석이 발견될 때, 그 자기장의 방향은 각각 다릅니다. 하지만 지구의 자기장에 의해 자화된 천연자석이 발견될 때는 그 자기장이 지구의 자기장과 같은 방향을 가리키고 있습니다. 그 말인즉슨, 지구의 자기장에 의해 자화된 암석은 모두 한 방향을 가리키고 있을 것 같은데 실은 암석 조사를 통해 재미있는 사실을 알게 되었습니다.

현재 지구의 자기장과는 반대 방향으로 자화된 암석이 발견된 것입니다. 그 말은 바로 그 암석이 자화될 당시 지구의 자기장의 방향이 지금과는 반대였다는 것이죠.

연대별 암석 조사를 통해 과거에 몇 번이나 지구의 자기장이 역전해왔던 사실을 알 수 있습니다. 약 100만~200만 년 전의 기간과 약 350만~500만 년 전의 기간에 지구의 자기장이 지금과 반대 방향이었다고 알려져 있습니다. 원인이 완전히 규명되진 않았지만 **지구의 내부를 흐르는 전류가 지금과는 반대 방향이었다**는 걸 알 수 있습니다.

아주 먼 옛날의 지구에 대해 알 수 있다니, 참 신기하지요!

오로라를 볼 수 있는 것은 지구의 자기장 덕분

우리나라에서는 볼 수 없지만 북극이나 남극 부근에서는 아름답게 빛나는 오로라를 관측할 수 있습니다. 이 오로라를 보기 위해 여행을 떠나는 사람들도 아주 많답니다.

이 같은 아름다운 오로라가 생기는 것도 물리의 법칙과 관련이 있습니다.

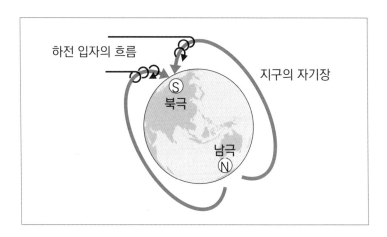

태양은 1초 동안 100만 톤에 이르는 전자와 양성자, 이온 등을 방출합니다. 이것을 '태양풍'이라고 합니다. 지구에도 그 중 일부가 날아옵니다. 지구 부근에서는 평균 1세제곱센티미터 내에 다섯 개 정도가 포함되어 있으며, 무려 초속 450킬로미터라는 엄청난 속도로 날아옵니다.

태양풍은 전기를 가진 입자이므로 **'하전 입자'**라고 불립니다. 움직이는 하전 입자는 자기장으로부터 힘을 받습니다. **'로런츠 힘'**이라고도 불리지요. 태양풍이 지구 가까이 다가오면, 지구가 만드는 자기장으로부터 로런츠 힘을 받게 됩니다. 그리고 하전 입자는 로런츠 힘을 받게 되면서 지구 자기장에 휘감기고 그 상태로 대기권에 돌입합니다.

고속의 하전 입자가 대기에 돌입하게 되면 **대기 중의 분자와 충돌하여 발광하는데** 이게 바로 오로라입니다. 이 원리는 길거리에 있는 네온사인과 같습니다. 네온관이 발광하는 것은 전자가 충돌한 '네온'이라는 이름의 원자가 발광하기 때문인데 그 원리가 오로라와 같은 것입니다.

오로라가 발광하는 것은 고도 100~500킬로미터입니다. 이는 성층권(고도 10~50킬로미터), 중간권(고도 50~80킬로미터)보다도 높은, 열권이라는 권역입니다.

오로라의 색은 발광하는 기체의 원자나 분자의 종류에 따라 달라집니다. 예를 들어 질소 분자일 경우 분홍색, 질소가 전기를 띤 이온으로 된 경우 보라색이나 파란색, 산소 원자일 경우 밝은 초록색이나 빨간색이 됩니다. 한편, 산소 분자는 무거워서 100킬로미터 이상의 상공에는 조금밖에 존재하지 않습니다.

이처럼 **오로라가 발생하기 위해서는 '대기'와 '자기장'이 모두 필요합니다.** 대기와 자기장을 모두 가지고 있는 목성이나 토성에서는 지구와 마찬가지로 오로라를 관측할 수 있다고 하는데, 화성에는 대기는 있지만 자기장이 없기 때문에 오로라를 볼 수는 없다고 하네요.

지구가 거대한 자석인 덕분에 인류가 오로라라는 아름다운 현상을 볼 수 있는 거였군요.

태양의 자기장이
지구를 한랭화시킬지도 모른다고?

2012년 4월 19일, 국립천문대나 이화학연구소 등이 주기적으로 일어나는 태양의 자기장 변화에 이변이 일어날 가능성이 있다는 사실을 발표했습니다. 그리고 이후 실제로 이변이 관측되었다고 합니다.

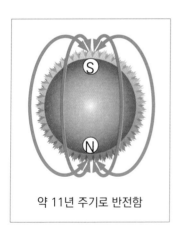

약 11년 주기로 반전함

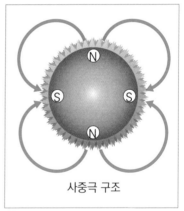

사중극 구조

이렇게 말해도 무슨 소리인지 감이 오지 않을 친구들이 많을 것 같아 먼저 태양의 자기장에 대해 설명하고 그게 우리에게 어떤 영향을 주는지에 대해 알아보겠습니다.

현재의 지구는 북극이 S극, 남극이 N극인 거대한 자석으로 되어 있습니다. 하지만 이것은 지금이 그렇다는 얘기이고 지구의 자기장은 과거 몇 번이나 반전을 되풀이해 왔습니다. 가장 최근인 약 100만 년 전까지는 북극이 N극, 남극이 S극이었습니다. 마찬가지로 **태양에도 자기장이 있으며 주기적으로 역전하고 있습니다.**

2012년 발표 당시 태양은 왼쪽 그림과 같은 상태였습니다. **태양의 자기장 반전 주기가 약 11년**이므로 예상에 따르면 다음 반전은 그다음 해인 2013년 5월에 시작될 예정이었습니다. 그런데 태양 관측 위성 '히노데'의 관측 결과, 예상보다 1년 정도 빨리 북극에서 먼저 반전되기 시작한 걸 알게 되었습니다.

남극은 변화하지 않고 북극만 변화할 경우, 태양의 자기상은 옆의 오른쪽 그림처럼 **'사중극 구조'**가 될 것이라고 추측되었습니다.

이 사실이 화제가 된 데는 이유가 있습니다. 바로 17세기 중반에서 18세기 초에 걸쳐 지구가 한랭화되었을 때도 역시 태양이 사중극 구조였던 것으로 알려졌기 때문입니다. 그래서 이번에도 태양 자기장 변동의 이변이 지구온난화가 아니라 한랭화로 만드는 게 아닌지 우려되는 상황이었던 것이죠.

17세기 중반에서 18세기 초에 나타난 한랭화로 인해 스위스에서는 알프스의 빙하가 낮은 지대까지 확산되어 농촌을 집어삼키고 런던의 템즈 강, 네덜란드의 운하와 하천, 또 뉴욕만까지 얼어붙었지요. 유럽 각지에서 기근이 발생하고 전쟁도 일어났습니다. 당시 일본은 에도시대였는데 심한 기근이 발생했습니다. 물론 화산 분화로 인한 한랭화 등 다양한 요인이 있긴 했지만, 태양 활동의 이변 또한 그 원인 중 하나였지 않았을까 하는 의견이 있습니다.

이산화탄소 등 온실가스에 의한 온난화만 문제시되고 있지만 사실 **과학자들 사이에서는 한랭화를 우려하는 목소리도 매우 높답니다.**

지구가 온난화가 아니라 한랭화할 것이라는 가능성을 지적하는 과학자는 상당히 많은데, 그 중 대표적인 주장은 덴마크의 과학자 헨릭 스벤스마크의 주장으로 '태양 활동이 줄어들고 약해지면서 그에 따라 지구가 한랭화할 것'이라는 주장입니다. 앞에서도 말했듯이 태양 활동은 지구의 기온에 영향을 미칩니다. 그 이유는 크게 두 가지가 있습니다.

첫째는 태양 활동이 약해지면 지구에 내리쬐는 태양광도 감소하게 되고, 지구가 태양으로부터 받는 열에너지가 감소하게 된다는 매우 알기 쉬운 이야기입니다.

둘째는 조금 어려운 이야기인데요. 먼저 우주 방사선, 일명 **우주선(線)**에 의한 구름의 발생에 대해 이해할 필요가 있습니다.

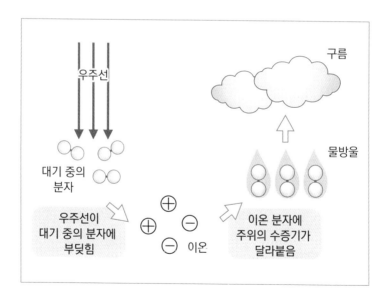

위 그림을 보면, 지구에는 끊임없이 우주선이 내리쬡니다. 우주선이란 각종 원자핵과 소립자를 말합니다. 우주선이 지구에 내리쬐면서 대기 중의 분자에 부딪히면 분자가 이온화, 즉 플러스나 마이너스 전기를 가지는 물질로 변하게 됩니다. 이 이온은 다른 이온과 결합하여 큰 분자가 되고, 여기에 주위의 수증기가 달라붙으면서 물방울이 됩니다. 그리고 이것이 모여 구름이 되는 것이죠.

여기까지가 우주선에 의해 구름이 만들어지는 원리인데, 구름의 양은 지구의 기온에 큰 영향을 미칩니다. 구름이 태양광을 반사하기 때문이지요. 다시 말해 구름의 증가가 지구를 한랭화로 이끌게 되는 것입니다.

그렇다면 여기에 태양의 활동은 어떤 관련이 있을까요?

태양의 활동이 활발해지면 지구 주변에까지 미치는 태양의 자기장도 강해집니다. 그리고 태양의 자기장은 우주선을 날려보내는 작용을 합니다. 이에 따라 지구에 내리쬐는 우주선이 줄어들게 되는 것이지요. 그렇게 되면 우주선에 의해 발생하는 구름도 줄어들기 때문에 태양광의 반사도 줄어들어 지구는 온난화가 됩니다. 반대로 태양 활동이 약해지면 그 반대가 되어 지구는 한랭화로 나아가게 되는 것이지요.

위의 두 가지 이유로 태양 활동의 약화가 지구 한랭화로 이어진다고 설명하고 있습니다.

그렇다면 태양 활동은 앞으로 활발해질까요, 아니면 약해질까요? 바로 이게 문제가 되겠지요.

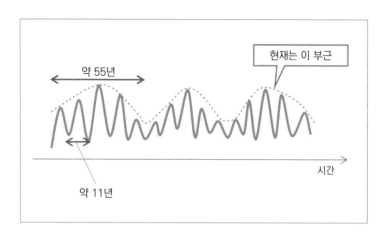

위 그림은 태양 활동의 사이클을 간략하게 나타낸 것입니다. 이것은 어디까지나 이미지일 뿐 정확하게 나타낸 것은 아닙니다.

그림에서 보이는 것처럼 태양 활동은 약 11년 주기로 변화하고 있습니다. 그리고 그 피크 지점끼리 이어보면 더 큰 주기의 변화가 약 55년마다 존재한다는 걸 알 수 있습니다.

이 큰 주기로 보면, 현재는 태양 활동이 피크 지점을 지나 약화를 향해 가는 위치에 있음을 알 수 있지요. 그렇기 때문에 앞으로 지구는 한랭화를 향해 나아갈 것이라는 것이 헨릭 스벤스마크의 주장입니다. 실제로 17세기 중반부터 18세기 초에 걸쳐 지구가 한랭화한 시기에는 태양의 활동이 약화했다고 알려져 있습니다

이 항에서 소개한 내용은 정확하게 증명된 게 아닌 어디까지나 가설일 뿐입니다. 실제로 이 주장에 대해 비판적인 과학자도 있지요. 하지만 이러한 주장이 있음에도 불구하고 우리는 이산화탄소에 의한 온난화에만 신경을 쓰고 있습니다. 지구가 온난화할지 한랭화할지는 시간이 지나면 알게 되겠지만 온난화뿐 아니라 한랭화에도 대비해둘 필요가 있지 않을까요? 만약 한랭화해서 식량 생산이 줄어들게 된다면 세계는 대혼란에 빠지게 될 테니까요.

6장

우리 삶을 편리하게 만드는 전자기

전자기 No.1

갖다 대기만 해도 자동개찰구를
통과할 수 있는 IC카드의 원리

역의 자동개찰구는 카드를 갖다 대기만 해도 통과할 수 있도록 매우 편리하게 만들어져 있습니다. 대체 어떤 원리인 걸까요? 카드를 갖다 대기만 해도 통과할 수 있는 신기한 원리를 파헤쳐 볼까요.

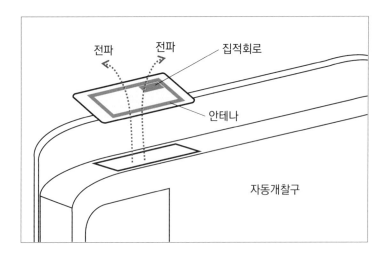

자동개찰구에 대는 카드를 'IC카드'라고 부릅니다. IC란 집적회로를 말하며 실은 카드 안에 매우 작은 회로가 설계되어 있습니다. 뿐만 아니라 카드 안에는 안테나도 들어 있지요.

이 카드를 자동개찰구에 대면 카드 안의 집적회로에 전기가 흐르게 됩니다. 이것은 자동개찰구에서 주파수 13.56메가헤르츠(MHz)의 전파가 항상 방출되고 있으므로 이 전파를 수신하면 전류가 발생하게 되는 것이죠.

왜 전파를 수신하는 게 전류를 발생시킬까요? 바로 전파 안에 **변동하는 자기장**이 포함되어 있기 때문입니다. 변동하는 자기장은 전류를 만들어냅니다. 이 현상을 **전자기 유도**라고 합니다. 즉, 전자기 유도에 의해 IC카드에 전류가 흐르는 것이지요. 카드에 전류가 흐르면 '어느 역에서 승차했다', '어느 역에서 하차했다'라는 정보가 기록됩니다.

예를 들어 교통카드의 경우, 갖다 댄 카드가 올바른 것인지를 인증하고 입금액을 읽어내면 날짜와 시간, 역 이름 정보를 기록하는 일련의 조작이 단 0.1초 만에 일어납니다.

이 밖에도 전자화폐, 회사나 대학교 등의 신분증, 아파트 출입용 전자 키에도 같은 기술을 활용하고 있습니다.

전자기 유도는 **IC태그**(전자라벨)에도 이용되고 있습니다. IC 태그 안에도 집적회로와 안테나가 들어있습니다. 안테나가 있어서 전파를 수신하면 전자기 유도가 일어납니다. 그리고 그 에너지를 이용해 자체 전파를 발생시키지요.

이 원리를 이용해 IC태그는 다양한 곳에서 이용되고 있습니다. IC태그가 붙은 상품을 계산대를 거치지 않고 반출하려고 하면 게이트에서 경고음이 울립니다. 안테나가 게이트로부터 전파를 수신하여 신호를 보내기 때문이지요. IC태그의 정보는 수정이 가능해 계산대에서 처리를 하고 나면 경고음이 울리지 않게 됩니다.

또 공장이나 창고에서도 IC태그가 활발하게 사용되고 있습니다. 상품에 IC태그를 부착하고 공장이나 창고 앞에 게이트를 설치하면 어떤 상품이 언제 얼마만큼 통과했는지에 대한 정보를 기록할 수 있습니다. 이 정보를 네트워크로 공유하면 어디에 어떤 상품이 얼마만큼 있는지 등을 항상 정확하게 파악할 수 있어 불필요한 재고를 줄일 수 있습니다.

이처럼 IC태그에는 바코드에는 없는 이점들이 많기 때문에 오늘날 활발히 보급되고 있습니다. 이젠 더 이상 없어서는 안될 존재가 되었을지도 모르겠네요.

전기자동차와 다리미에도
활용되는 전자기 유도

앞서 소개한 카드 외에도 전자기 유도를 활용한 사례는 우리 주변 곳곳에 매우 많이 존재합니다. 이번에는 그 예를 몇 가지 살펴볼까요.

• 전기자동차 충전

전기자동차는 일반적으로 충전기를 꽂아서 충전합니다. 그렇기 때문에 특정 장소에서만 충전할 수 있지요. 또한 충전하는 데 시간이 걸리며, 한 번 충전해서 달릴 수 있는 거리도 휘발유 자동차 등에 비해 대체로 '짧다'는 게 단점입니다.

이것은 친환경이라 일컫는 전기자동차의 보급을 막는 큰 요인입니다. 그래서 이러한 과제를 해결할 한 가지 방책으로 전자기 유도를 응용한 충전방식에 대한 연구가 진행되고 있지요.

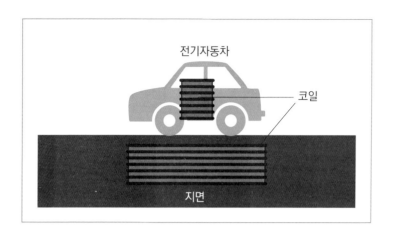

위 그림처럼 지면 아래 코일을 묻어둡니다. 여기에 교류 전류, 즉 변화하는 전류를 흘려보내면 **변화하는 자기장**을 발생시킵니다. 그리고 전기자동차 쪽에도 코일을 설치해 두는 것이죠. 그렇게 하면 전기자동차가 땅속에 있는 코일 바로 위에 올라왔을 때 전자기 유도에 의해 충전됩니다. 이 방법을 이용하면 전혀 접촉하지 않고도 충전할 수 있어서 편리하지요.

예를 들어, 도시 곳곳을 달리는 버스가 자주 정차하는 것을 이용하여 정류장마다 코일을 심어두고 충전하는 것인데, 그렇게 하면 배터리가 모두 소진되는 일 없이 계속 달릴 수 있습니다. 충전기를 꽂아서 오랜 시간 동안 충전할 필요가 없지요.

이런 무접점 충전방식은 휴대전화나 무선전화기, 전동칫솔 등을 충전할 때 실생활에 이용되고 있습니다. 또 공장 내에서 이동하는 로봇의 이동 경로에 급전선을 깔아 전자기 유도로 충전하는 방법도 이용되고 있습니다.

• 고온이 되지 않는 다리미

사용 시에 고온으로 올라가는 다리미는 사용 후에도 실수로 닿을 경우 매우 뜨거워 위험합니다. 그래서 전자기 유도 방식으로 만든답니다. 다리미 내부에 코일을 넣어 코일의 전류를 바꾸면 전기자동차를 충전할 때와 마찬가지로 전자기 유도에 의해 다리미대에 전류가 흐르게 됩니다.

이때 다리미대는 전류가 흐를 수 있게끔 금속으로 만듭니다. 전류가 흐르면 다리미대가 뜨거워지므로 우리가 아는 다리미처럼 이용할 수 있는 것이지요. 이런 원리라면 다리미대가 뜨거워져도 다리미 자체는 뜨겁지 않으니 위험을 줄일 수 있게 되는 것입니다.

전자기 유도를 이용하는 장치 중에는 아직까지 연구 중에 있는 것들이 많으며, 앞으로도 더 많은 곳에서 활약할 수 있을 것으로 기대됩니다.

IH 조리기에서 맹활약하는 맴돌이 전류

최근에는 가스를 사용하지 않는 IH 조리기를 사용하는 가정이 늘었습니다. IH란 'Induction Heating'을 말하며, **'유도 가열 방식(원문: 전자기 유도에 의한 가열)'**을 뜻합니다. 즉, IH 조리기에서도 전자기 유도라는 현상을 사용하고 있는 것이죠.

대체 어떤 원리일까요?

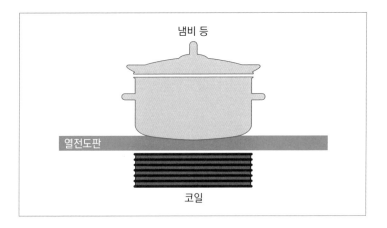

IH 조리기 내부에는 코일이 들어 있습니다. 여기에 전류를 흘려보내면 코일이 전자석이 되면서 자기장이 발생합니다. 이 때 코일에 교류 전류가 흐르면 발생하는 자기장도 변하게 되고, 자기장의 변화에 의해 전자기 유도가 일어나는 것입니다.

IH 조리기의 경우, 열전도판 위에 올린 냄비 바닥에 전자기 유도에 의해 전류가 흐르도록 만들어져 있습니다. 이 전류는 소용돌이처럼 흘러서, **맴돌이 전류(와전류)**라고도 불립니다. 그리고 맴돌이 전류가 흐르면 열이 발생하므로 이를 이용해 조리를 할 수 있는 것이지요.

가정에서 사용하는 교류 전류의 주파수는 지역에 따라 다르지만, 50헤르츠 내지 60헤르츠입니다. 이것은 1초 동안 전류의 방향이 50번 또는 60번 변한다는 걸 말합니다.

그러나 IH 조리기의 경우, 인버터라고 하는 장치를 통해 전류를 2만 헤르츠 정도의 고주파로 변환합니다. 이렇게 해서 발생하는 맴돌이 전류가 현격히 커지면서 강력한 가열도 가능해집니다.

그런데 냄비가 철과 같은 '강자성체'로 만들어져 있으면 전자기 유도가 일어나기 쉽습니다. 다시 말해, 철은 강자성체가 아닌 구리나 알루미늄에 비해 IH 조리기에 더 적합하다는 겁니다.

IH 조리기에는 '올메탈' 타입과 일반 타입이 있습니다. 구리나 알루미늄 냄비로 사용할 수 있는 것은 올메탈 타입, 사용할 수 없는 것은 일반 타입입니다.

올메탈 타입은 주파수가 일반 타입의 3배 정도로 되어 있어, 전자기 유도가 더 강하게 일어납니다. 그래서 강자성체가 아닌 구리나 알루미늄 냄비로도 사용할 수 있지요. 그렇지만 역시 구리나 알루미늄의 경우 효율이 떨어지긴 합니다.

한편, 뚝배기나 유리로 만든 조리기 등 전기가 통하지 않는 물건은 어느 타입에서도 사용할 수 없습니다. 그리고 소재에 상관없이 바닥이 납작하지 않은 냄비는 전류가 발생하기 어렵기 때문에 효율이 떨어집니다.

IH 조리기의 원리를 이해하면 효율적인 사용 방법도 잘 알 수 있겠죠?

라디오 전파는
어떻게 전 세계로 전달될 수 있을까?

많은 사람이 '전자기파'보다도 **'전파'**라는 말에 더 익숙할 것입니다. 비슷한 말인데 어떻게 다를까요?

사실 전파라는 것은 전자기파의 일종으로, **전자기파 중에서도 파장 범위가 긴 것**을 전파라고 합니다. 전파는 아주 다양한 용도로 사용되고 있고, 우리 주위는 온통 전파로 뒤덮여 있는데 그중 하나가 라디오입니다.

라디오에는 국제방송도 있습니다. 해외로 전파를 전달하기는 쉽지 않아 보이는데 어떻게 전달하고 있는 걸까요?

지구 상공에는 **'전리층'**이라는 곳이 있습니다. 이것은 태양 광선이나 우주선(우주 방사선)에 의해 대기 중의 원자나 분자가 플라즈마 상태가 된 대기층을 말합니다. 플라즈마 상태란 원

자로부터 전자가 분리되어 나와, 양이온과 전자가 뒤섞여있는
상태를 말합니다.

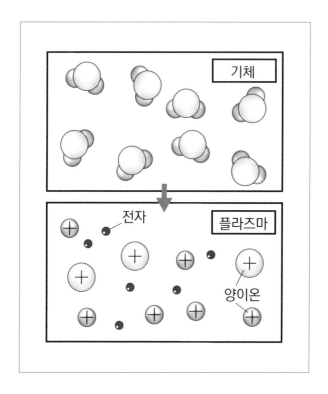

그리고 전리층은 몇 가지 단계로 나뉘어 있는데 전파는 각
각 다음 그림처럼 전리층에서 반사됩니다.

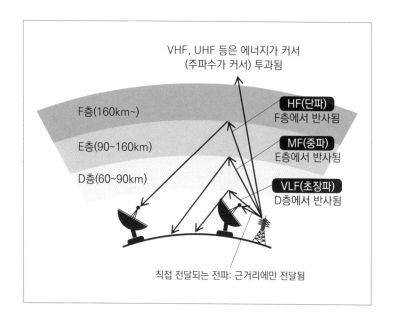

VHF, UHF 등은 에너지가 커서
(주파수가 커서) 투과됨

F층(160km~)

E층(90~160km)

D층(60~90km)

HF(단파)
F층에서 반사됨

MF(중파)
E층에서 반사됨

VLF(초장파)
D층에서 반사됨

직접 전달되는 전파: 근거리에만 전달됨

그림에서 알 수 있듯이 F층에서 반사하는 HF(단파)가 가장 멀리까지 전달됩니다. F층에서 반사된 전파가 지표면에서 반사되고, 그것이 다시 F층에서 반사되는 형태로 몇 번이나 반사를 되풀이하면서 세계 곳곳으로 전달되는 것입니다. 그래서 국제 라디오나 선박 무선, 아마추어 무선 등 원거리 통신에는 HF가 이용되고 있지요.

그리고 E층에서 반사되는 MF(중파)는 D층에서 대부분 흡수되어 버립니다. 그래서 기본적으로는 지표면에서만 전달되는 전파로서, AM 라디오 등에서 사용합니다. 단, 밤에는 D층이 사라지므로 E층에서 반사되어 멀리까지 전달될 수 있습니다. 밤중에 먼 곳에 있는 방송국의 전파를 수신할 수 있는 일이 생기는 건 이 때문이지요.

라디오에서 여러 가지 종류의 전파를 나누어 사용하고 있는 데는 다 나름의 이유가 있는 것이었군요.

아날로그 방송과 디지털 방송의 차이

TV 방송은 라디오와 마찬가지로 **전파**에 의해 방송을 합니다. 아날로그 방송 시절에는 VHF(초단파)대인 90~220메가헤르츠 전파와 UHF(극초단파)대인 470~770메가헤르츠 전파를 사용했습니다. 하지만 VHF, UHF대의 전파는 휴대전화에서도 사용되기 때문에 휴대전화 보급에 따라 이 대역이 매우 혼잡스러워졌습니다. 그래서 TV 방송에서 사용하는 전파의 주파수대를 간소화할 목적 등으로 디지털 방송으로 이행하게 된 것이죠.

디지털 방송으로 바뀌면서 사용하는 전파를 UHF대인 470~710메가헤르츠 범위 안에 수용하게 되었고, 이에 따라 빈 대역을 휴대전화 등으로 이용할 수 있게 되었습니다.

그런데 디지털 방송은 아날로그 방송과 어떻게 다를까요? 간단하게 살펴볼까요.

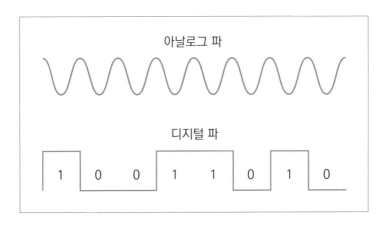

'아날로그'란 연속적으로 이어져 있는 것을 말하고, '디지털'이란 비연속적으로 끊어져 있는 값을 말합니다. 아날로그 시계와 디지털 시계를 떠올려 보면 이해할 수 있을 겁니다.

전파의 경우는 위 그림과 같습니다. 그렇다면 디지털 방송에서는 이러한 디지털 파를 사용하고 있는 걸까요?

그렇지 않습니다. 디지털 방송이라고 해도 **사용하고 있는 것은 아날로그 파**입니다. 단지 아날로그 파를 사용해서 디지털 정보를 보내고 있는 것이지요.

디지털 정보라는 것은 2진법의 '0' 또는 '1'이라는 정보입니다.

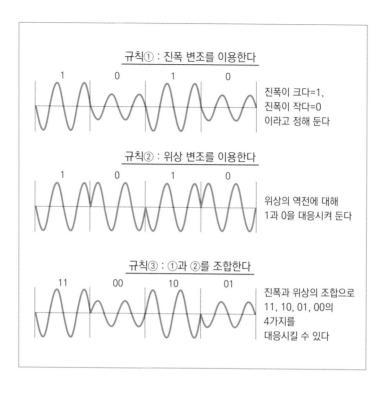

규칙① : 진폭 변조를 이용한다

1   0   1   0

진폭이 크다=1,
진폭이 작다=0
이라고 정해 둔다

규칙② : 위상 변조를 이용한다

1   0   1   0

위상의 역전에 대해
1과 0을 대응시켜 둔다

규칙③ : ①과 ②를 조합한다

11   00   10   01

진폭과 위상의 조합으로
11, 10, 01, 00의
4가지를
대응시킬 수 있다

위 그림의 ①~③과 같은 규칙을 정해둠으로써, 이 디지털 정보를 아날로그 파를 이용해 전달할 수 있는 것입니다.

이게 바로 아날로그 파에 의해 디지털 정보를 전달하는 디지털 방송의 원리입니다.

한편, 위상이 어긋난 패턴을 늘려서 대응시킬 정보를 더욱 늘릴 수도 있습니다. 디지털 방송은 압축 기술을 이용하기도 합니다. 이미지 정보를 그때그때 모두 송신하다 보면 정보의 양이 방대해지기 때문에 앞 화면에서 다음 화면으로 바뀔 때 바뀐 부분의 정보만을 보내는 방법이지요. 이렇게 하면 정보가 매우 간소화될 수 있습니다.

참고로, TV 방송에서 사용하는 전파의 주파수는 전 항에서 언급한 라디오의 주파수보다 큽니다. 이것은 라디오 전파보다 파장이 더 짧고 장애물의 뒤쪽으로 넘어오는 정도가 더 작다는 것인데, 안테나가 높은 빌딩 등 그림자에 숨으면 수신이 어려운 것은 이러한 이유 때문입니다.

케이블을 통한 정보 전달의 경우, 전압을 켜고 끄거나 빛의 점멸을 사용하여 디지털 데이터를 전달할 수 있습니다. 전파로 정보를 전달하면 이런 것들이 어렵기 때문에 여기서 소개한 방법들을 연구하고 있는 것입니다.

대량의 정보가 매우 빠른 속도로 난무하는 현대 사회는 고도의 기술로 유지되고 있다는 걸 알겠지요?

휴대전화가 사용하는 것은
어떤 전파일까?

오늘날 가장 빈번하게 사용하는 전파는 어쩌면 휴대전화 전파일지 모릅니다. 특히 사람들로 가득 한 만원 전철 안에서는 수많은 전파가 오고 가지요.

휴대전화가 사용하는 전파는 800메가헤르츠대, 1.5기가헤르츠(GHz)대, 1.7기가헤르츠대, 2.0기가헤르츠대로 이것들은 전파 중에서도 주파수가 큰 영역인 **마이크로파**로 분류됩니다.

마이크로파는 전자레인지에서도 사용합니다. 전자레인지에서 사용되는 마이크로파의 주파수는 2.45기가헤르츠로 휴대전화가 사용하는 주파수와 가깝습니다.

만약 전자레인지 안에 사람이 들어가 있는데 전원이 켜진다면 체온이 급격하게 올라가 큰일이 나겠죠? 그런데 이 전자레인지와 가까운 주파수의 전파를, 휴대전화는 매일 사용하고 있답니다.

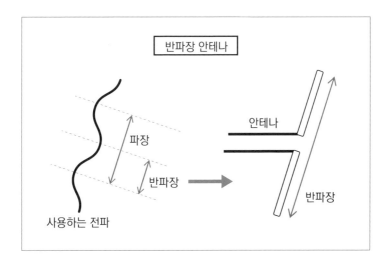

반파장 안테나

파장

반파장

사용하는 전파

안테나

반파장

물론 그 강도는 전혀 다릅니다. 휴대전화의 마이크로파는 전자레인지에 비해 매우 약한 수준입니다. 그래서 괜찮다고는 하지만 정말 인체에 영향이 없는 것인지는 사실 검증이 필요해요.

그런데 휴대전화는 왜 이렇게 주파수가 큰 마이크로파를 사용하는 걸까요? 주파수가 좀 더 작은 전파를 사용하면 더 안전할 텐데 말이죠. 여기에는 두 가지 이유가 있습니다.

하나는 **주파수가 클수록 보낼 수 있는 정보의 양이 많다**는 것이고, 또 하나는 **주파수가 큰 전파일수록 파장이 짧기 때문에** 안테나를 짧게 만들어도 된다는 이유에서입니다.

안테나에는 몇 가지 종류가 있는데 대표적인 것이 반파장 안테나입니다. 위 그림처럼 전파 파장의 절반 정도의 길이로 전파를 주고받을 수 있습니다.

휴대전화에서 사용하는 전파의 파장이 800메가헤르츠대면 40센티미터 정도, 2.0기가헤르츠대라면 15센티미터 정도로 안테나가 짧아도 괜찮습니다.

TV 방송에서 사용하는 전파도 비교적 파장이 짧으므로 반파장 안테나를 사용합니다.

참고로 안테나는 레이더나 GPS에서도 이용되고 있습니다.

목표물을 향해 전파를 발사한 뒤, 반사파가 돌아오기까지의 시간, 목표물까지의 거리, 목표물이 있는 방위 등을 측정하는 것이 바로 레이더입니다.

예를 들어 기상 레이더는 비나 구름의 물방울을 향해 전파를 발사하여 그 위치를 측정합니다. 또 공항에서는 관제탑에서 발사한 전파를 비행기에서 반사시켜 비행기의 위치를 확인합니다. 지구 관측 위성은 지표면으로부터 나오는 적외선을 감지해 온도 분포를 조사합니다.

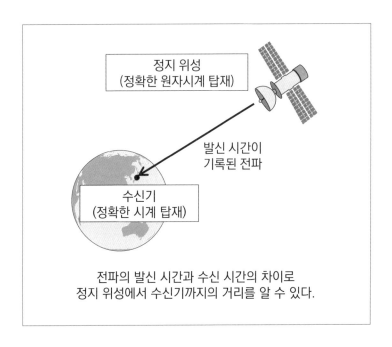

정지 위성
(정확한 원자시계 탑재)

발신 시간이
기록된 전파

수신기
(정확한 시계 탑재)

전파의 발신 시간과 수신 시간의 차이로
정지 위성에서 수신기까지의 거리를 알 수 있다.

　GPS는 위 그림처럼 정지 위성에서 수신기를 향해 전파를 보냅니다. 이때 안테나가 전파를 송수신하는 역할을 하지요. 그 밖에도 최근에 증가하고 있는 무선 인터넷 등도 마이크로파를 사용합니다.

　이처럼 대량의 정보를 송신할 수 있으면서도 긴 안테나가 필요 없는 마이크로파는 다양한 용도로 사용되고 있답니다.

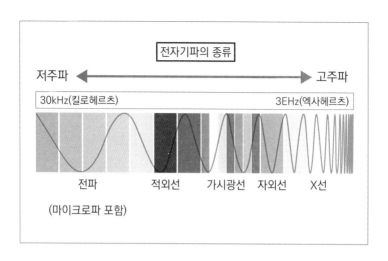

전자기파의 종류

저주파 ←――――――――――――――→ 고주파

30kHz(킬로헤르츠)　　　　　　　　　3EHz(엑사헤르츠)

전파　　　　　　　적외선　　가시광선　자외선　　X선

(마이크로파 포함)

전자레인지 안에서
바쁘게 돌아다니는 물 분자

전자레인지도 휴대전화와 같은 UHF(극초단파)를 이용합니다. 전자레인지는 2.45기가헤르츠의 **마이크로파**를 사용합니다. 전자레인지 내 마이크로파를 발생시키는 부분에서는 몰리브덴이라는 금속이 사용됩니다. 몰리브덴은 철과 섞으면 철의 강도를 더 단단하게 만들어 주기 때문에 차체, 교량의 와이어, 식칼 등에 사용해요.

몰리브덴이 전자레인지에 쓰이는 건, 그 녹는점(융점)이 2,623도로 매우 높기 때문입니다. 전자레인지에서 마이크로파를 발생시킬 때 마이크로파 발생 부분은 1,500도에 이릅니다.

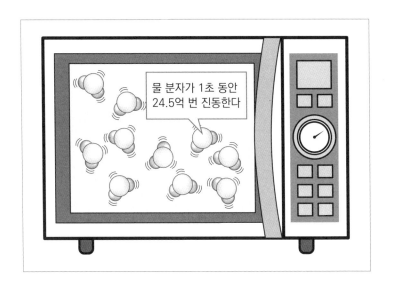

그렇다면 전자레인지에서 발생하는 2.45기가헤르츠의 마이크로파로 물체를 데울 수 있는 이유는 뭘까요? 그것은 마이크로파가 **물 분자 H_2O를 진동시키는 작용**을 하기 때문입니다.

전자기파란, 쉽게 말해 전기장과 자기장의 진동입니다. 여기서는 이 중 전기장의 진동이 활약하는 거죠. H_2O에는 전기적 성향이 있습니다. H_2O의 'H'는 플러스, 'O'는 마이너스 전기를 가지고 있습니다. 그래서 H_2O는 전기장의 힘을 받아 진동하게 되지요.

이때 물 분자는 마이크로파와 같이 2.45기가헤르츠=24.5억

헤르츠라는 주파수에서 진동합니다. 다시 말해 **1초 동안 24.5억 번이나 진동한다는** 거예요. 눈에 보이지 않는 미시 세계에서 엄청난 일이 일어나고 있다는 걸 알 수 있지요.

이렇게 물체에 들어있는 물 분자가 격렬하게 진동함으로써, 물체 전체의 온도가 올라가게 됩니다.

전자레인지로 음식을 데울 때, 눈에 보이지 않는 세계에서는 이런 일이 일어나고 있겠구나 하고 상상해 보는 것도 재미있겠죠?

전자기파를 사용하면
신체 내부도 엿볼 수 있다

전자기파는 의료기술에도 사용됩니다. 두 가지로 살펴보면 먼저 **MRI**는 몸 내부나 뇌 내부의 단층 이미지를 보여주는 장치입니다. MRI는 **자기장과 전파**를 사용해 신체 안의 수소 원자핵의 방향을 컨트롤하여 병변 부분을 찾아냅니다.

먼저 신체에 자기장을 쏘면, 아래 그림과 같이 신체 내 수소 원자핵의 자전 방향이 한 곳을 향하게 됩니다. 그런 다음 전파를 쏘면, 수소 원자핵이 아까와는 다른 방향으로 일제히 바뀌면서 자전합니다. 그리고 전파를 해제하면 자전 방향이 다시 원래 상태로 되돌아오게 되는데, 이때 병변이 있는 부분만 원위치로 돌아오지 않습니다. 이것을 확인함으로써 병변을 찾을 수 있게 되는 것이죠.

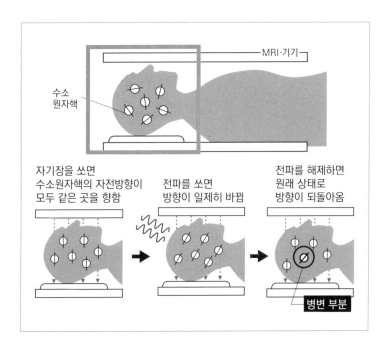

MRI·기기

수소
원자핵

자기장을 쏘면
수소원자핵의 자전방향이
모두 같은 곳을 향함

전파를 쏘면
방향이 일제히 바뀜

전파를 해제하면
원래 상태로
방향이 되돌아옴

병변 부분

　또 하나는 **X선 촬영**에서 사용하는 **X선**입니다. X선 촬영의 원리는 아래 그림으로 설명할 수 있습니다. X선은 주파수가 커서 에너지가 크기 때문에 인체의 대부분을 투과할 수 있습니다. 그러나 뼈에서는 X선이 투과되지 못하고 흡수되므로 뼈 부분만 필름에 X선이 닿지 못하여 검은색이 아닌 하얀 색으로 남게 되지요. 이렇게 해서 뼈의 모습을 촬영해 낼 수 있습니다.

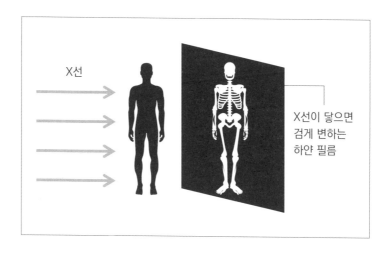

X선

X선이 닿으면
검게 변하는
하얀 필름

X선의 투과 가능 여부의 차이는 다음과 같이 생각할 수 있습니다.

인체의 주요 부분은 수소, 탄소, 질소, 산소 등 **작은 원자**로 되어 있어서 X선이 투과할 수 있습니다. 그에 반해 뼈나 치아는 칼슘이나 인과 같이 제법 큰 원자로 형성되어 있기 때문에 X선이 많이 투과할 수 없습니다.

X선 촬영 시 X선을 쬐고 싶지 않은 부분에는 납으로 된 방호복을 두릅니다. X선 촬영실이나 X선 차량 벽도 납으로 만들어져 있습니다. 이것은 아주 큰 납 원자가 X선을 막아주기 때문입니다.

X선은 주파수가 엄청나게 커서 에너지가 크기 때문에, **너무**

많이 쬐게 되면 인체에 해를 미치게 됩니다. 그래서 꼭 필요한 상황이 아니면 X선 촬영을 하지 않습니다.

공항에서 수하물 검사를 할 때도 X선을 사용하는데, 이때는 약한 X선을 사용합니다. 물질의 종류에 따라 X선 투과량이 다른 점을 이용하여 수하물의 내용물을 확인할 수 있습니다.

세관에서 컨테이너에 실려 온 수출입 화물을 검사할 때도 X선을 이용합니다. 예전에는 화물을 모두 꺼내서 체크했기 때문에 컨테이너 하나당 두 시간 정도 소요되었지만, X선을 이용하게 되면서 10분 정도로 시간을 단축할 수 있게 되었습니다.

X선을 안전하게 사용하면 우리 생활에 무척 도움이 된다는 걸 이제 알겠죠? 위험한 것일수록 그것을 잘 사용하는 지혜가 중요한 것입니다.

행성탐사기 이카로스를
가속하는 전자기파

지금까지는 주로 전자기파의 성질에 대해 알아보았는데 전자기파는 물체를 움직이는 힘도 가지고 있습니다. 전자기파가 있는 공간에 원자 1개가 놓여 있는 상황을 볼까요?

원자 안에는 **전자**가 있습니다. 전자는 마이너스 전하를 가지고 있어서 전자기파에 의해 발생하는 **'진동하는 전기장'**으로부터 힘을 받습니다. 그러면 원자 안에서 전자도 진동하게 되지요. 이때 전자의 진동 방향은 전기장의 방향과 일치합니다.

전자기파는 진동하는 자기장도 포함합니다. 그래서 원자 안에 있는 전자는 진동하는 자기장으로부터도 힘을 받게 됩니다. 운동하는 전자가 자기장으로부터 받는 힘을 **로런츠 힘**이라 하며 아래 오른쪽 그림과 같은 방향이 됩니다.

로런츠 힘의 방향은 전자기파의 진행 방향과 일치합니다. 즉, 전자는 전자기파의 진행 방향으로 힘을 받기 때문에 원자가 그 방향으로 이동하게 되는 것이지요.

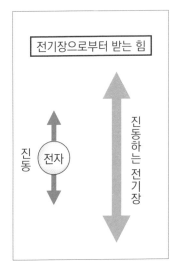

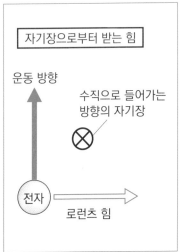

이 원리는 2010년 일본에서 발사한 행성탐사기 이카로스에 이용되었습니다. 이카로스는 가로, 세로 14미터의 커다란 돛을 가진 우주 범선입니다. 돛의 두께는 7.5마이크로미터밖에 되지 않지만 이 우주 탐사선의 질량은 무려 308킬로그램이나 되지요. 이카로스의 추진력은 **태양광(=전자기파)**뿐입니다. 전자기파에 의한 추진력만으로 우주공간을 나아가는 것이지요.

물론 전자기파에 의한 추진력은 약 1만분의 1킬로그램중으로 매우 작습니다. 308킬로그램인 이카로스에 생기는 가속도는 1초 동안 100만 분의 3.64미터 증가할 정도로 작은데, '티끌 모아 태산'이라는 속담처럼, 1년 후에는 초속 115미터(시속 414킬로미터)까지 올라가게 됩니다.

행성탐사기 이카로스

　지금까지의 설명은, 전자기파의 추진력에 관해서 전자기파를 파동이라는 관점에서 생각한 것이었습니다. 그런데 전자기파는 파동 말고도 **입자로서의 성질**도 가지고 있습니다. 이 관점에서는 태양으로부터 날아오는 빛의 입자가 이카로스에 계속해서 충돌하면서 가속도가 올라가는 것으로 이해하기도 합니다.

　전자기파의 성질은 매우 심오합니다. 그렇기에 그 이용 방법에도 다양한 가능성이 잠재해 있다는 걸 알 수 있겠죠?

전파를 이용하여 외계 생명체를 발견할 수 있는 날이 올까?

"넓은 우주 어딘가에는 우리 지구상의 인류 이외에도 지적 생명체가 존재할 것이다!"

이것은 결코 부자연스러운 발상은 아닙니다. 하지만 만약 존재한다고 하더라도 서로 교신을 주고받는 것은 매우 어렵겠지요.

현재 전파를 이용해 외계 생명체를 찾아내려는 프로젝트가 진행 중인 것을 알고 있나요?

다음에서 설명하는 것처럼 장대한 프로젝트가 진행 중이랍니다. 그렇다면 도대체 전파를 어떻게 이용한다는 것일까요?

우리는 지구상에서 왕성한 전파 통신을 하고 있습니다. 만약 지구 외에 존재하는 생명체가 우리와 같은 지능을 가지고 있다면, 아마 우리처럼 **전파를 사용한 통신을 하고 있지 않을**

까, 이런 예상이나 기대를 가지고 그들의 통신 전파를 지구상의 안테나로 수신해 보려는 시도를 계속하고 있는 것이지요. 하지만 이 시도에는 두 가지 어려움이 있습니다.

하나는 지구상에서 이미 전파 통신이 왕성하게 이루어지고 있기 때문에 그 전파와 구별할 필요가 있다는 점입니다. 이 점을 해소하기 위해 외계 생명체 탐사에서는 주파수 1420메가헤르츠의 전파를 이용하고 있습니다. 사실 이 주파수는 우주 공간에 가장 많이 존재하는 수소 에너지 상태 변화에 의해 방출되는 전파로 천문 관측 시 이용합니다. 지상 통신에서는 발신이 제한되고 있지요. 따라서 1,420메가헤르츠의 전파가 방사됐다면 그것은 인간이 발신한 것이 아니라고 확인할 수 있는 것입니다.

또 하나는 태양 등의 항성이 방사하는 전파와 **외계 생명체가 방사하는 전파**를 구별해낼 필요가 있다는 점입니다. 이것은 특히 강하게 수신되는 특정 주파수의 전파를 찾아냄으로써 해소할 수 있습니다.

항성이 방사하는 전파에는 다양한 주파수가 섞여 있는데 특정 주파수만 강하게 방사된다는 것은 자연 유래가 아닌 어떤 존재에 의해 발신된 것이라고 볼 수 있기 때문입니다.

또 주기적으로 강도가 변화하는 펄스파라면 역시 자연 유래가 아닌 외계 생명체가 보낸 신호일 가능성이 높아집니다.

이러한 점들을 고려해 앞서 말한 것처럼 1,420메가헤르츠 부근에서 관측하고 있는 것입니다.

푸에르토리코의 알레시보 천문대에 있는 안테나. 상부의 작은 반원구가 수신기이다. 이러한 장치를 이용해 전파를 수신한다.

수신한 전파를 해석하는 데는 방대한 계산이 필요합니다. 이를 가능하게 하는 것이 바로 슈퍼컴퓨터인데 다양한 연구에서 이용하고 있기 때문에 사용하는 데 한계가 있습니다.

그래서 1999년부터 '분산 컴퓨팅'이라는 방식을 도입한 프로젝트를 진행했습니다. 전 세계 일반인들이 소유하는 컴퓨터마다 계산을 하도록 배정해주는 것인데, 전 세계에서 약 520만 명의 사람들이 참가했다고 합니다. 컴퓨터를 사용하지 않는 시간대에 계산하기 때문에 평상시의 컴퓨터 이용에는 영향을 주지 않으며 참가하기도 쉽다는 이점이 있습니다.

이런 꿈으로 가득한 프로젝트로 외계 생명체의 존재를 알 수 있는 날이 올지도 모르겠네요.

한 번도 실수를 해보지 않은 사람은
한 번도 새로운 것을 시도한 적이 없는 사람이다.
- 알버트 아인슈타인 -

진정한 배움의 끝은 변화다.

- 레어 버스카글리아 -

과학이 지식을 제한할 수는 있으나 상상력을 제한해서는 안된다.

- 버트런드 러셀 -